青少年 科普知识 读本

打开知识的大门，进入这多姿多彩的殿堂

推荐

昆虫奇闻

苏 易◎编著

河北出版传媒集团
河北科学技术出版社

U0676597

图书在版编目(CIP)数据

昆虫奇闻 / 苏易编著. --石家庄：河北科学技术
出版社，2013.5(2021.2 重印)
ISBN 978-7-5375-5865-5

Ⅰ.①混… Ⅱ.①苏… Ⅲ.①昆虫-青年读物②昆虫
-少年读物 Ⅳ.①Q96-49

中国版本图书馆 CIP 数据核字(2013)第 095473 号

昆虫奇闻

kunchong qiwen

苏易　编著

出版发行	河北出版传媒集团	
	河北科学技术出版社	
地　　址	石家庄市友谊北大街 330 号(邮编:050061)	
印　　刷	北京一鑫印务有限责任公司	
经　　销	新华书店	
开　　本	710×1000　1/16	
印　　张	13	
字　　数	160 千字	
版　　次	2013 年 6 月第 1 版	
	2021 年 2 月第 3 次印刷	
定　　价	32.00 元	

前言

Foreword

昆虫是地球上数量最多的动物。它们属于无脊椎动物中的一类，叫节肢动物，其特征是具有关节的附肢、分节的身体和坚硬的分骨骼。

节肢动物在世界主要生态系中都起极为重要的作用。尽管它们与其他动物相比不够显眼，但如果细心观察，你就会发现它们不可思议的种类和数量，并可从它们不寻常的生活中学到一些东西。

遨游在广阔的昆虫世界，领略奇妙昆虫万象的同时，是否掌握了昆虫多功能的身体构造？是否知道了昆虫经过长期演化来适应的多变行为？是否清楚了昆虫的发展？……本书用准确的论述、简明扼要的文字解释，带你领略一个精彩玄秘、匪夷所思的昆虫世界。

权威性的内容、清晰的照片以及系统的论述方式，使本书成为关于昆虫的颇具欣赏价值和使用价值的工具书。本书收录了多种昆虫，配有多幅图片，并对收录的每一种昆虫都有准确的论述和说明，使其特征和特性跃然纸上。在作者的精心编纂下，青少年朋友能轻松地掌握识别各类昆虫的知识和技巧。

　　编者力求通过此书，能为所有对昆虫奇闻之谜感兴趣的青少年读者，呈现一个缤彩纷呈的"谜"的世界。激发读者了解神秘的自然界，培养探究多彩谜团的兴趣，让我们一起走进未知的世界，探索其中的奥秘吧！

前言

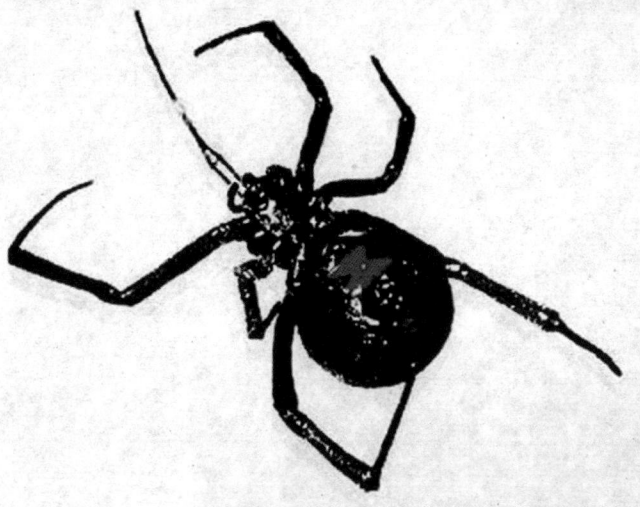

目录

第一篇　昆虫趣闻

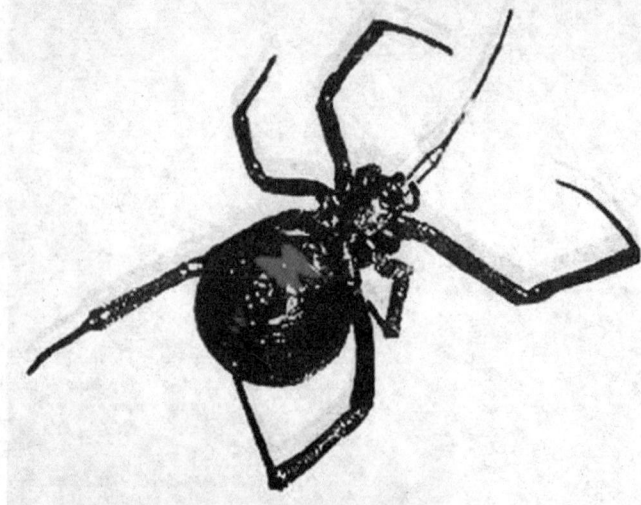

目录

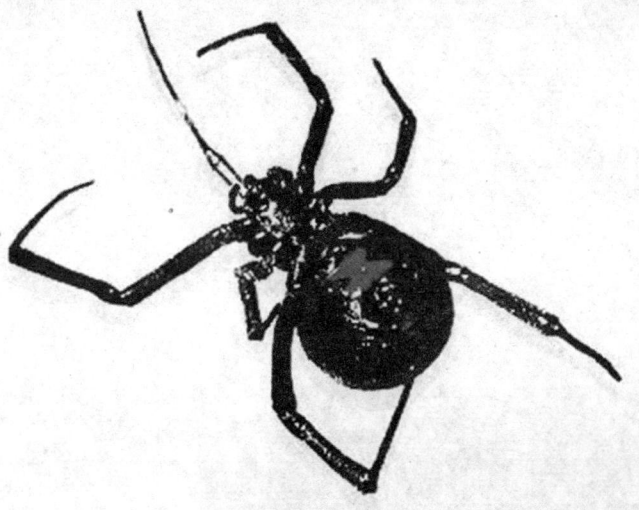

目录

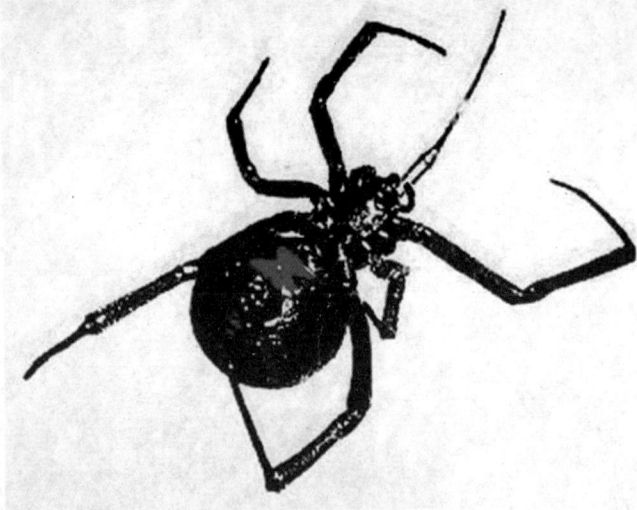

目录

第二篇　昆虫的"衣食住行"

Contents

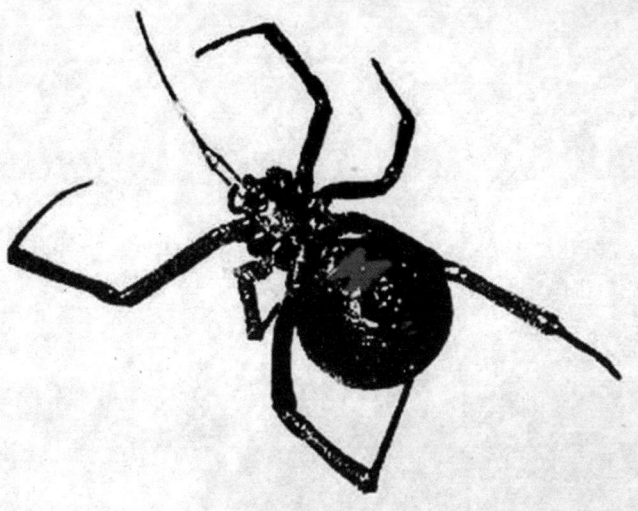

目录

第三篇　昆虫科目

第 一 篇

昆虫趣闻

昆虫看上去很小，其实它们的数量比地球上的其他动物都多，是当之无愧的"昆虫大军"。昆虫们在大自然中生存，一定要学会攻击和防守。它们身怀绝技，分布在地球的各个角落。有些小昆虫还是天生的旅行家，不辞辛苦地去寻找食物和配偶，有的为了保护自己不得不用残忍的手段进行杀戮……

具有高超骗术的昆虫

昆虫御敌手段之一就是"骗术"。昆虫把各种骗术手段运用得炉火纯青。有的狐假虎威，虚张声势；有的讨好强者，寻求保护；有的则乔装改扮，惟妙惟肖。

马达加斯加蟑螂一遇险情，就嘶嘶大叫，往往使敌手吓一大跳，它便趁机溜之大吉。其实这声音不过是它身体两侧小洞排出空气的声音。

有一种枭蝴蝶翅上有酷似猫头鹰眼睛的大斑点，当它突然展翅露出翅下斑点时，可恐吓和赶走捕食者。

食蚜蝇体形、颜色、飞行的姿态都很像蜜蜂，甚至受到惊扰时也摆出要螫人的样子，吓跑对手。其实这只是恫吓，它根本没有螫人的能力。

蛱蝶科有一种枯叶蝶，盛产于我国四川省峨眉山。它的骗术到了令人咋舌的地步。这种蝶白天喜在较高的树枝间飞行，中午温度较高时喜飞临水边饮水，这些时候看不出它有什么特别之处。一旦它停落在树枝上，你会发觉它一下子从视野中消失了，你所看到的只是一片片的树叶。那么枯叶蝶哪里去了呢？它的名字告诉你，它已"变成"一片枯叶了。枯叶蝶竖起翅膀，把身体隐于中间，翅膀背面的形状和色斑酷似一片枯黄的叶子：中间的翅脉粗大，贯穿前后翅，形成枯叶的主脉；左翅下那条长长的尾贴近枝头形

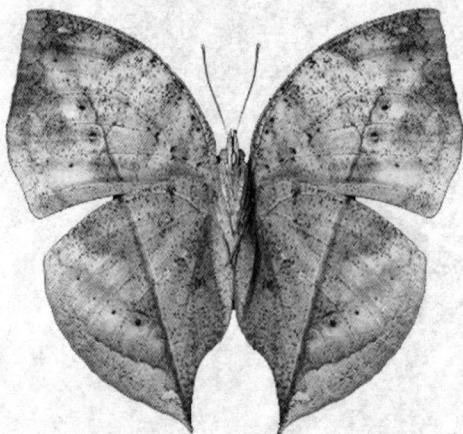

成叶柄；翅上装饰性的几个小白点，仿佛是叶上的点点病斑。就算是枝干摇曳不停，它也不飞走，甚至还会装成枯叶般飘然落地，一动不动地躲在落叶中，其形态、体色与环境融为一体，不愧是自然界的杰作。

竹节虫，是昆虫中的巨人，同样倚仗骗术躲过不知多少双敏锐而饥饿的眼睛。它成虫的体长可达 8～12 厘米，无翅不善飞，这是一大缺憾，但它巧妙地弥补了这点。竹节虫身体修长，前胸短，中、后胸长，触角和前足叠在一起伸向前方，整个身体就像有分枝的竹子或树枝。当它发现周围的危险后，无需找隐蔽所，因为只要它在枝条间一动不动就已极难被发现了，何况它还能变换身体的颜色来更好地伪装自己。在万分危险的情况下，更可拿出"假死"绝技，从枝条间跌落下来后，僵直不动，活像掉下的一段枯树枝，这往往能救它一命。

毛毛虫如何召唤蚂蚁

在毛毛虫中，灰蝶科和蚬蝶科的幼虫是十分独特的，它们周围往往聚集着许多蚂蚁，起义务警卫员的作用，能够保护毛毛虫免遭天敌的伤害，因此，可以避开许多可怕的厄运，存活率比起其他虫来，相对要高得多。作为回报，毛毛虫能分泌出一种含有糖分的汁液，充当蚂蚁的点心，以博得护卫者的喜欢。这里有人一定会问：这种互惠互利关系是怎样建立起来的？其他虫种又为什么不会效仿？现在我们就来谈谈其中的奥妙。

一位细心的昆虫学家，设计了一套精巧的传声器，对此进行测试。他将传声器放在叶片表面，让一只幼虫不断爬动，这时学者探测到一种简单而重复的振动脉冲。从分析中得知，这种响声并不是毛毛虫走动的"脚步声"，而是由毛毛虫身体上两种细小乳头状结构，即"起振乳突"轻轻敲击物体表面而发出来的，正由于这些附属器官连续敲击的韵律，才招来了一批又一批蚂蚁。

接着学者又动了一点小手脚，将毛毛虫的乳突切去，看看会引起怎样的结果。不出所料，手术后的毛毛虫果然再也不能招引蚂蚁了，可见乳突确实和联络功能有关。

顺便说一句，昆虫学家早已知道，蚁类相互之间能通过"振动信息"进行通信。现在这种毛毛虫发出的振动波和蚂蚁类的"振动信息"十分相似，所以，它能召唤蚂蚁也就不足为奇了。最值得惊讶的是，毛毛虫和蚂蚁是两种截然不同的生物，分类地位差别很远，它们的发音结果怎么会如此相似呢？这还有待进一步研究。

蟋蟀会弹琴吗

在一些电影、电视剧中有对蟋蟀的好鸣善斗的惟妙惟肖的演绎片断。其实，在唐代就有人把蟋蟀捉来，关养在笼子里面，当睡觉的时候，把它放在枕头旁边，聆听它清脆悦耳的低唱。而到了宋朝，就开始盛行斗蟋蟀。蟋蟀成了经常出没于宫廷、民间的一种"玩品"。然而，若问蟋蟀有几种叫声，恐怕大多数人只能回答出"蛐蛐"二字，若再追问蟋蟀鸣叫的含义，恐怕知者更少。

动物学家经过研究发现蟋蟀是没有声带的。但是在它们的腹背上面，接近直翅的基部有一对发音器，形状是半圆形的。那是一块坚韧并且半透明的油黑色薄膜。当蟋蟀振动翅膀的时候，把体内鼓足的气流从发音器迅速地流出，那么发音器的薄膜震动，再加上两翅的举起和放下，翅膀与腹面的接触处不断地发出广狭不同的变化因而引起共鸣，蟋蟀便发出了不断变化的音符。它们的鸣

叫种类与其生命活动的各个阶段有密切的关系，如"蛐蛐""蛐蛐蛐""铃铃铃铃""的铃的铃的铃"等鸣叫有可能表示它们求偶、生殖、格斗、占巢等意思。

经过研究，当蟋蟀发出舒缓而悠长的普通叫声的时候，表示很孤单，好像是在召唤附近的同伴。当雄性蟋蟀发出轻柔、短促、柔情绵绵的叫声的时候，是在表示找到配偶。但是这只能代表爱情的初级阶段，还不能交配。当雄性接着发出一种酷似六弦琴与三角铃的旋律的时候，是表示雄蟋蟀在求爱。听起来让人感觉是在倾诉衷肠，好来打动雌蟋蟀。等到雌蟋蟀终于被打动的时候，它们的声音会越来越紧促，也会变得越来越柔和，到了最后它们终于"洞房花烛"了，这个时候再仔细听听它们的声音会感觉逐渐缓和。

蟋蟀在进行生殖活动时发出的鸣声，能使其准确地找到配偶，并进行成功的交配。奇怪的是，这种在鸣声引导之下的交配总是只限于在同族中进行，不至于弄错对象。有人曾经观察到有两种外形和大小极为相似的蟋蟀，粗看起来很难辨别，但仔细闻听它们的鸣声，却有相当大的区别。看来，雌蟋蟀只对同族的雄蟋蟀的鸣声起反应。

然而，目前还不能说已经完全了解蟋蟀的各种低吟浅唱的含义，这还有待于进一步地研究。另外，还使科学家感兴趣的是，雄蟋蟀振翅歌唱时，雌蟋蟀就会循声追踪而至，雌蟋蟀为什么会成为雄蟋蟀的"知音"呢？

还有一个有趣的问题，蟋蟀的鸣声可以当温度计使用。这些问题虽然都有了一些或多或少的解释，但是，要想完全了解到底是怎么一回事，还需要我们进一步地研究。

澳大利亚夜蝴蝶

澳大利亚的昆士兰州有一座蝴蝶雕塑纪念碑，并建有一座蝴蝶纪念馆。这是因为当地人将一种夜蝴蝶视为"澳大利亚的救星"，特意为它修建的。

1860年，澳大利亚的昆士兰州从美国、墨西哥引进了两种仙人掌，人们想用它作为牧场四周的绿篱栅。可万万没有想到，生命力极强的仙人掌一遇到澳洲极为适宜的温度和肥沃的土壤，便以惊人的速度繁殖开来，几棵仙人掌不用多久便成为一大片"带刺的丛林"。只20年时间，3000多万公顷的土地全被这些多刺植物占领，并且以每年50万公顷的惊人速度向外扩展它的地盘，大片的沃土变成对畜牧业和农业毫无用处的荒野。

当地政府成立了专门委员会，展开了与仙人掌的大规模斗争。人们用刀砍，用火烧，连根拔，但都收效甚微。没等老的除尽，新的又生长起来。用尽了各种方法之后，陷入困境的人们将眼光转向专吃仙人掌的昆虫。一位昆虫学家发现阿根廷有一种专门在夜间活动的蝴蝶，它翅长4厘米左右，灰褐色，它只以仙人掌为食，而且胃口很大。于是他将几千粒这种夜蝴蝶虫卵带回澳大利亚繁殖、放养。果然，夜蝴蝶成为仙人掌克星，所到之处，成片的仙人掌被吞噬、消灭。到了1935年，3000万公顷的土地又重新成为丰沃的农耕地和牧场。

如今澳大利亚虽还可常见仙人掌的踪影，但夜蝴蝶绝不会给它们大量繁衍的机会。虽然这种夜蝴蝶其貌不扬，远不如其他蝴蝶漂亮、惹人喜爱，但是人们对它怀有崇敬和感激之情。大家知道，正是这些不起眼的夜蝴蝶在20世纪初仙人掌的毁灭性灾害中拯救了澳洲大陆。

火蚁北伐

你可别小瞧蚂蚁这小小的东西，它可是动物中最具有攻击性的好战的物种，而能将这种侵略性发挥得淋漓尽致的要数歹毒的火蚁了。

在美国每年约有 500 万人被火蚁咬伤，在这其中有 2.5 万人伤势比较严重，因而不得不上医院。如果你不小心在它们的占领区行走，那被蜇咬就是不可避免的事情了。因为人被蜇咬后会有一种火烧火燎的感觉，火蚁也因此而得名。最可怕的是，还有的人会被火蚁咬死。在美国这并不是什么奇怪的事情，如果对火蚁的毒素过敏的人，还会出现恶心、头晕眼花、全身发抖等症状。

为了抵制火蚁的威胁，美国南部的人们采取了一些耗费人力、物力的办法企图根除它们，但是这绝不是件容易的事情。因为它们不仅要扼杀火蚁，还要阻止火蚁北伐。幸好美国的自然条件——北部的严寒天气成为它们北伐的绊脚石，使得火蚁"望北兴叹"不敢轻易迈步。

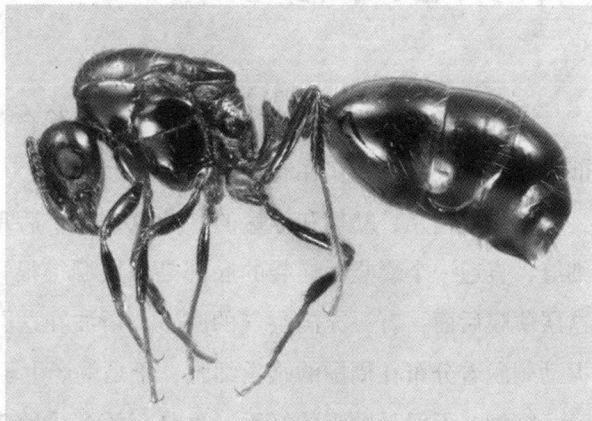

可是，有些研究结果令人十分恐惧，外来的黑火蚁与红火蚁的混血儿似乎比它们父母更具有耐寒能力。如果这个结果被证实的话，那么保护北美洲的天然屏障就会完全崩溃，火蚁家族将会大举北上，后果是不堪设想的。

专家们曾认为，田纳西州的严冬可以把那些可恶的家伙拒之门外。但是在一次昆虫讨论会上，来自田纳西大学的几位研究人员却对这一论断提出了异议。因为在野外，火蚁可以在它们的地下宫殿中取暖以防御寒冷。所以那些用零度以下的气温来限制火蚁的想法是站不住脚的。在科学家的努力研究下，发现那些杂交的火蚁在寒冷中存活的时间比它们的父母都要长。这种杂交的火蚁御寒能力的增强无疑将会让它们的家族大举北上，但是有一部分的科学家提出了不同的看法：火蚁在短期内好像已经达到了殖民王国的北部边界了，这是由它们的行为习惯决定的。如果真的向北部扩张，还得需要调整它们的行为习惯。

可是，为什么这些杂交品种会具有如此之强的御寒能力呢？换句话说，导致其基因突变的原因是什么，动物学家们依然是众说纷纭，莫衷一是。

蝈蝈儿的恋歌

说来有趣，有些昆虫的"耳朵"不是生长在头的前方，而是长在身体的后部，在一般人看来，实在有点不伦不类。

譬如蝈蝈儿、蟋蟀和蚱蜢的耳朵就是位于后爪上的，粗看起来，犹如一条细缝，直通一个囊袋，囊袋的底部是一层绷得很紧的薄膜，宛如鼓膜一般。在这层薄膜后面，有一充满空气的腔室，声波在这儿引起空气振动，薄膜的这种振动刺激着分布在周围的感觉细胞，于是就产生了听觉。

蝈蝈儿不但是歌唱的好手，也是一流音乐欣赏家。当雄蝈蝈儿用它锯齿状的爪子当"琴弓"，在锋利的翅膀边缘上拉起"小提琴"时，那优美的乐调，能够深深地打动异性朋友的心，作为回报，雌蝈蝈儿也会随即奏起自己的情曲来。如果两支情曲合拍的话（即意味着属于同一种族），那么雄蝈蝈儿就会骚动起来，向着情歌所在的方向跳跃而去。

但这时雄蝈蝈儿还不能确定对方究竟是雌性还是雄性，为了探明情况，它会在自己的歌声中掺入若干"战争叫嚣"。如果对方也用同样的声调回答，事情就变得明朗化了，即证明对方一定是只雄蝈蝈儿。如果没有战歌回敬，则意味着交上了好运，于是互相接近，一对有情人终将结为连理。不过话说回来，为了保证能单独接近雌性朋友，它仍然要发出短暂的战争呼叫来排斥可能插进来的情敌。这些事实，不但说明蝈蝈儿找对象时十分谨慎、认真，也证明声音和听觉系统在它们获取信息时所处的重要位置。

当然，像蝈蝈儿这样的例子，在昆虫界并不太多。事实上大部分昆虫，不仅是个哑巴，没有发声系统，而且还是聋子，根本听不到自然界的美妙乐曲，它们当然得用其他手段来找对象了。

萤火虫发光之谜

初夏，闪烁的黄绿色荧光是萤火虫互相交流的工具，而在一些特殊条件下，萤火虫会发出橙色或红色的光。萤火虫发光的原因很多。它们体内能产生防御性类固醇，发出的光脉冲会让食虫动物觉得它们不好吃。许多成年萤火虫以同类特有的模式闪光，从而能够区别异性成员。

不同种类的萤火虫，闪光的节律变化并不完全一样。美国有一种萤火虫，雄虫先有节律地发出闪光来，雌虫见到这种光信号后，就准确地闪光 2 秒钟，雄虫看到同种的光信号，就靠近它成为情侣。人们曾实验，在雄虫发光结束时，用人工发出 2 秒钟的闪光，雄虫也会被引诱过来。另有一种萤火虫，雌虫能以准确时间间隔，发出"亮—灭，亮—灭"的信号来，雄虫收到后用灯语表达"悄悄话"，立刻发出"亮—灭，亮—灭"的灯语作为回答。

通常雄、雌萤火虫都会发光，而雌虫的光度稍微弱一些。发光器的位置通腹部第六节或第七节的腹面，发光原理是发光器内所含的发光质和气管内的氧气结合而产生的"冷光",通常一明一暗的发光程度是和呼吸节奏有关联的,而不同种类萤火虫的雌、雄虫每次所发出的闪光次数和明暗的间隔又都不一样,这样就可以在黑夜中辨别彼此的身份了。多数种类萤火虫的雄虫有翅,而雌虫无翅,所以在夜空中一边飞一边发出求偶闪光信号的大多是雄虫,雌虫则停在枝叶上发出比较微弱的闪光信号,当雄虫察觉到同种类雌虫所发出的闪光信号便会朝它飞去。

萤火虫的生活史也颇为有趣,除了成虫外,它们的卵、幼虫和蛹竟然也能发出荧光,真是亮晶晶地度过一生。幼虫具有一对镰刀状的大颚,以河螺、蚯蚓、蜗牛等为食。猎食时以大颚刺入猎物体内,注射毒液使猎物麻痹,并注入消化液,将猎物组织消化成液状后吸取汁液。

目前,世界上已知的萤火虫种类有2000多种,分布于热带、亚热带和温带地区。

屎壳郎滚粪球的秘密

屎壳郎,这种小甲虫名字本身似乎就散发着臭气。"屎壳郎打喷嚏——满嘴喷粪""屎壳郎戴花——臭美",这一类俏皮话更使屎壳郎臭名远扬。

屎壳郎,学名叫蜣螂,亦称蛣蜣,是一种鞘翅昆虫。这种昆虫有角质的肥厚前翅,无明显翅脉,因而称为"鞘翅"。因它体躯比较坚硬,有光泽,通常也称为"甲虫"。鞘翅是昆虫纲目中最大的目之一,种类约占总虫数的

40%。蜣螂就是鞘翅昆虫中的一种。它的虫体是暗黑色，触角赤褐，末端膨大。

屎壳郎是有"专长"的，只用它来打趣取笑是有点不公道了。

每年夏、秋季节，当你漫步山间小径或草原旷野时，常会看到一对对黑色的小甲虫，在用力滚动着一块乒乓球大小的垃圾，漫无边际地行进着，这就是人们经常作为趣谈的"屎壳郎推粪球"。屎壳郎在昆虫中推粪球的本能最为特殊。

屎壳郎的粪球来得也不容易，当找到粪便时，先用头上的触须去选择温度适宜，味道可口的，然后便用头上的角和足翻动搓揉起来，潮湿的粪便被揉成不大也不甚圆的粪块，便开始滚动起来，粪块经过滚动时的挤压力，越滚越圆，同时粘上一层又一层的土粒。如果地面太干，粘不住土时，这对看来笨拙实则聪明的甲虫，还会从肛门排些稀粪粘上，直到粪球增大到像个乒乓球时才算满意。

屎壳郎推粪球时，是一个在前，用后足抓球，用中足和前足爬行，用力向前拉。在后面的一个，用前足抓紧，用中足和后足行走，用力向前推。如果碰上阻碍时，后面的一个也会把头俯下来，用力向前拱几下。这对齐心协力做球又推球的甲虫，还可能是一对刚成亲不久的新婚夫妻。

屎壳郎为什么要竭尽全力去滚动这个粪球呢？原来是为将来生儿育女作准备。当它们把粪球推到一处安静而隐蔽的地方时，便由雌屎壳郎用头上钉耙状的角和3对带齿的足，把粪球下面的土挖松，粪球便随着松动的土越陷越深，直到它认为将来的幼儿不会被天敌伤害或寒冬摧残时，才在粪球上挖上个小洞，产下一粒白色的卵。略微休息后，便顺着松软的土洞向上爬，每爬上一段，还要把松土踏实，直到爬出洞来。这时在洞外等待并负有警戒任务的雄屎壳郎，还会协助雌屎壳郎用足蹬，用腹部压，直到认为地表上的土与周围完全一样时，才算完成了一次生儿育女的繁忙工作。

屎壳郎产在粪球上的卵，经过一段时间的发育后，便发育成一只白胖的幼虫，人们称它为蛴螬，粪球便成为这只小生命的食料。

屎壳郎有没有好名称呢？也有，埃及把它称为宣圣虫。这种宣圣虫收集龌龊的东西并滚成球，滚到地下的洞里。它吃这个球是无厌的，往往一连吃十几

天都不休息，直到吃完为止。埃及人曾把这种能去污的、带有不良气味的甲虫，看得像红鹤一样神圣。总之，屎壳郎虽然有许多不好的名声，实际上它却做着有利于人类的工作，应当属于益虫之列。

20世纪70年代，我国有一种屎壳郎远渡重洋，被邀请到澳大利亚去安家落户。屎壳郎离别故土，到澳大利亚去干什么呢？

原来，澳大利亚现在有几千万头牛，每天排的几亿堆牛粪要覆盖上千万亩的草场；牛粪还滋生蝇类，更是害上加害。从中国去的屎壳郎的任务，就是去帮助清扫那里广阔的大牧场。

难道澳大利亚没有屎壳郎？有是有的，但是本地的屎壳郎只爱吃袋鼠的粪，牛粪不合胃口，便不愿问津。这就像牛虻爱吮牛血，狗蝇只叮咬狗一样，是昆虫在长期进化过程中形成的一种适应生活的本能。

澳大利亚为什么没有以牛粪作食料的屎壳郎？这有地质历史和生物进化两方面的原因。

澳大利亚位于太平洋西南部和印度洋之间。可是在古老的地质年代，它是与其他大陆相连的。到了1亿多年前的白垩纪，由于地壳运动和大陆漂移，澳大利亚才与亚洲大陆脱离，后来又与南极洲分开。那时候，地球上生物进化的历程处于哺乳动物的早期阶段，才出现一些原始的兽类。由于长期地理隔离，动物种类又单纯，澳大利亚一方面成了鸭嘴兽和袋鼠一些低等哺乳动物的乐园，另一方面，也限制了哺乳动物在当地环境中继续向前进化。现在澳大利亚陆地生活的一些有胎盘类动物，如马、牛、羊、猫、犬、猪，甚至包括鼠类，都是18世纪、19世纪，由人类从欧、亚等其他大陆带去的。牛是带去了，但清除牛粪的屎壳郎却没有带去。因此，澳大利亚没有以牛粪作为食物的屎壳郎。

我国长江流域一些地区与澳大利亚一些牧区自然条件相近。澳大利亚从这些地方引走屎壳郎，就是为了让它们去帮助清扫牧场的牛粪，让它们在那里定居和繁殖后代。

不走直线的昆虫

　　一般两条腿动物和四条腿动物在行走时，所走过的足迹呈一条直线。不过，昆虫走路就不一样，它们在地上爬着行进，总是左歪一下、右扭一下呈"之"字形行走，从来不走直线，这是什么原因呢？

　　这要从昆虫的生理结构说起。昆虫是六足动物，两侧各长 3 条足。前足短，后足长，中间的介于前后足之间。昆虫行进时，把右前足、左中足和右后足组成一组，左前足、右中足和左后足组成另一组。昆虫爬行时，由一组的前足先向前伸出，并用爪抓住地面，同侧的后足使劲，尽量把身体向前推进。由于前、后足长短不一，当后足向前用力时，便将离开地面的中足及身体推向偏离直线的一方，使身体中轴倾斜。当另一组的前足抬起时，为了使身体向前行走，便向与身体相反方向伸去，后足用力推进时，又将身体扭向了另一方向。这样，昆虫就左歪一下、右歪一下地呈"之"字形向前行走了。

昆虫与报警器

　　美国，一些马铃薯害虫被科罗拉多甲虫"出卖"，因为昆虫学家利用这种甲虫来预报虫害的情况。马铃薯受到害虫侵食时会释放出一种有机分子信息素，称为 Z-3-hexen-1-01，能吸引科罗拉多甲虫。当甲虫嗅到这种气息后，触角会产生一种电信号。德国于利希研究中心的科学家舍恩宁利用这一现象，研制出了"害虫预警装置"。将这种像硅片一样的"生物气息探测器"附在甲虫身上，在甲虫的触角上涂上黏性的电解液，与硅片状探测器的一个元件相连，用细巧的白金棒制成的一个电路线圈藏在甲虫鞘翅内。当甲虫触角上的感应器嗅到马铃薯发出的气息后，电路中的电压会下降。科学家只要监测电压变化情况便可知害虫到来了，通过预警装置报警，农民就知道在何时何地向地里播撒杀虫剂。

舍恩宁认为，这种装置小巧玲珑，重量很轻，应用前景十分广阔。如将它藏在苍蝇身上，可充当"微型生物间谍"；应用在蟑螂身上，可以让它去寻找地震后埋在废墟中的受害者。科学家正在一种灰甲虫身上做实验，由于这种昆虫喜烟、火，所以有可能会被用于火灾的报警。

现存最古老的昆虫是蟑螂吗

大约在 3 亿年之前，昆虫作为地球上最早的"飞行家"而升入空中。而会飞的爬行动物和鸟类 1 亿多年之前，才出现于地球之上。

自然科学家是通过它们的翅膀来识别古代的许多昆虫种类的。因为它们柔软而多汁的身体，在风吹、雨打、日晒等自然环境下，是不太可能作为完整的化石而保存下来的。人类已发现的古代最早的昆虫标本，是埋在琥珀里和原始松树的树胶之中，其他一些昆虫的印迹是遗留在页岩和石灰石的聚积物中。在距今 2.7 亿~3.5 亿年的石炭纪时期，地球上的昆虫种类迅速增加。大家熟悉的蟑螂是当时地球上占优势的一类飞行动物。科学家从化石的遗骸中鉴别出 500 多种蟑螂。它们虽然没有现在生活于热带地区的一些巨型蟑螂那样大的身体，但是大多数的个子还是很大的。这些古代蟑螂与今天我们所见到的蟑螂差

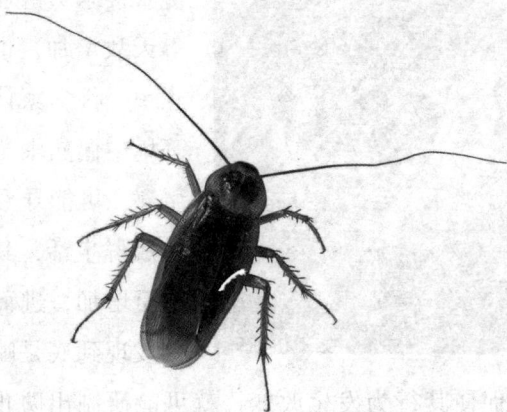

别不大，都有翅膀，会扑动翅膀作短距离飞行，可以说是有翅膀昆虫中最古老的成员。现在地球上生存的蟑螂种类有 2000 多种。

植物的克星为何是蝗虫

"赤地千里，寸草不留，饿殍载道"是在我国史书中提到的关于蝗虫经过后的情形，它们的危害之大，实在令人毛骨悚然、触目惊心。关于蝗虫的最早记载可以追溯到 9000 多年前，在人类文明进入到农耕时代以后，蝗虫就和人们结下了冤仇，它们不仅把庄稼吃光，对人类生活的其他方面也造成了重大影响。

中国自古以来就有"蝗灾"的记录，那么这么大数量的蝗虫从何而来呢？经过昆虫学家的不断努力研究，已初步解开了其中的一些秘密。蝗虫产卵的地方一般都是在光照充足、土质坚硬的地方。如我国的北方就比较集中。这也是为什么久旱之后必有蝗灾的原因。

所以我们可以利用阴湿的环境来抑制蝗虫的繁衍。蝗虫取食的植物含水量高会延迟蝗虫生长和降低生殖力，多雨阴湿的环境会使蝗虫减少，而且雨雪还

能直接杀灭蝗虫卵。另外，蛙类等天敌增加，也会增加蝗虫的死亡率。科学家认为，在某一自然环境中偶然聚集的蝗虫后代彼此触碰，可能导致其改变习性，开始成群生活，其成员以同一方式大量增加，进而形成蝗灾。如果能发现到底是哪些化学信号刺激了蝗虫的神经系统促使其行为发生改变，就可能研制出防止蝗虫群聚的新型农药。

蝗虫有一个令人不解的现象：大规模的迁徙。即使在适合它们生存的地方，也会出现迁徙现象。这是为什么呢？有些蝗虫甚至不远千里，路线竟然长达3000多千米，有时还要跨越重洋。仅仅是因为要寻找食物似乎解释不通。

又有人认为，它们是为维持身体热量而追随着太阳移动的。但有些蝗群的迁飞路线则是由南向北，从赤道一直飞到了北非；而且那么大数量的蝗群在短时间内又会销声匿迹，它们是怎么消失的呢？这又是一个待解之谜。

椿象的自卫武器

椿象有一个特殊的本领。当安全受到威胁时，便会迅速做出反应，在极短时间内，从尾部喷射出一股股青烟，随着"噼啪"之声，散发出难闻的阵阵臭气，令敌物远避、退却，而自己则从容逃命。这是怎么回事呢？原来这是椿象在用自身化学武器进行防身自卫。它的化学武器来自其发达的臭腺。幼虫期，臭腺开口位于腹部背板间，到了成虫期，则位于后胸前侧片上。臭气的主要成分是对苯二酚和过氧化氢，当这些成分在虫体腔室内经过氧化酶的氧化后，就生成苯二酮气体排出体外，这是一个极短的过程，在紧急情况下，椿象的臭腺会像开炮似的连续发射，不仅打退敌物，保护自身安全，而且还是"集合"或"分散"的信号。椿象的这种"臭器"防卫功能，在昆虫中堪称高手。

昆虫为何会鸣叫

我们每个人都有声带，一旦声带损坏，也就不能发出声音了。可是，你听到过昆虫的鸣叫吧，令人奇怪的是，能够发出各种不同声音的昆虫却有一个共同点，那就是它们都没有声带。那么，昆虫又是靠什么来发声的呢？

原来，昆虫是靠身上特殊的发声器发声的，而且不同的昆虫发声部位和发声器的组成及构造也不同。例如，雄蟋蟀的右前翅下表面有一条有齿的横脉，像一把小锉刀，叫作音锉，左前翅的上表面有一列尖齿状的摩擦缘。蟋蟀把右前翅叠在左前翅的上面，靠升起或分开两翅，引起音锉和摩擦缘的摩擦而发声。雄蝉"知了、知了"的叫声则是从腹部发出来的。它前腹的两侧各有一个圆而大的音盖，音盖下面长着鼓皮似的气囊和发音膜。当发音膜内壁肌肉收缩时，发出来的声音引发腹部气囊共鸣器的共鸣，也就发出激越的鸣叫声了。

不过，说来也有趣，虽然许多昆虫的雄虫能发出洪亮的鸣叫，而雌虫却一辈子都是个哑巴。

总成群出行的蝗虫

蝗虫是利用后腿摩擦前翅而发声的。它们的腿上有一排瘤状突起，可以摩擦翅膀，发出声音。

我们经常可以看到大批的蝗虫铺天盖地而来，将庄稼一扫而光，然后再铺天盖地而去，寻觅更好的生活区域，继续为害农作物。蝗虫喜欢成群活动，这与它们的生活习性和生理有很大的关系。因为蝗虫适宜在干旱地区生活，为了维持较高的体温，它们必须群居，彼此拥挤，以防止热量流失。但是群居的蝗虫显得焦躁，易受激惹。在温暖干燥的日子里，它们的体温会升高，从而引起自发地飞行，只有当环境出现变化，或者下雨，或者降温时，才会停止飞翔。所以，蝗虫不管是在地面上栖息，还是在空中飞舞，总是漫天漫地地成群活动。

蝗虫后足力量强大，能以很高超的跳跃技巧在陆地上移动，它们最高能弹跳到 1 米，是它们体长的几十倍。

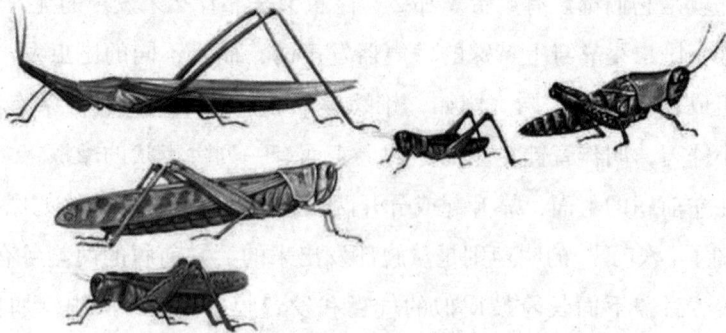

昆虫是否有耳朵

严格地说，昆虫并没有耳朵，昆虫的"耳朵"只是它们的听觉器官。昆虫的听觉器官构造与高等动物的耳朵不同，它由鼓膜或绒毛所构成。由鼓膜构成"耳朵"的有蝉、蟋蟀、金钟儿等，用绒毛来感觉声音的有雄蛾、毛虫类等。

那么，昆虫的"耳朵"长在哪儿？不少人一定以为是长在它的头上。其实，昆虫"耳朵"生长的部位十分奇特。有不少昆虫的"耳朵"是长在腿上的。我们熟悉的蟋蟀、金钟儿的"耳朵"都长在一对前足的小腿上。

还有些昆虫的"耳朵"生长的部位就更奇妙了，蝗虫的"耳朵"长在腹部的第一腹节侧面两边，呈半月形开口，鼓膜发达，膜上还有一个相当于共鸣器的气囊；蚊子的"耳朵"长在触角的第二节上；蚜虫的"耳朵"长在触角的根部基节上；飞蛾的"耳朵"，有的长在胸部，有的长在腹部，雄蛾的"耳朵"多长在毛茸茸触角的绒毛上；蝉的"耳朵"长在腹部下面；苍蝇的"耳朵"则长在翅膀基部的后面。

为何蜜蜂蜇人后就会死

大家都知道，蜜蜂的尾端有一根针，这根针连着身体里的毒腺，所以它是"毒针"。毒针是蜜蜂在自然界进行自卫的武器，遇到敌人侵害时，蜜蜂会把毒针刺入敌人的身体，然后放出毒液，给敌人以迎头痛击。

有时你无意打死一只蜜蜂，便会有一群蜜蜂飞来蜇你，这是蜜蜂在报复你。还有的时候你并没有惹它，却被它蜇了，那是因为误会，它错以为你要伤害它，所以蜇了你。

不过，蜜蜂是不会轻易地用毒针蜇人的，因为一旦蜇了人，它也要付出惨重的代价，会很快死去。为什么蜜蜂蜇了人就活不成了呢？原因很简单：蜜蜂的毒针尖端有几个倒刺，扎进皮肤以后，就拔不出来了。而毒针是和内脏相连的，这样当蜜蜂蜇了人飞走时，就会把毒针和一部分内脏留下来，蜜蜂失去了重要的内脏器官，因此过不了多久就会死去。

人们为何称螳螂为大刀杀手

在昆虫中，螳螂算是体型较大的一种。它们体长在 6 厘米左右。头部呈三角形，镶着一对大复眼及 3 个小单眼。头上长有两根细触角，胸部有两对翅。它有 3 对足，前足粗大并且呈镰刀状，因此螳螂也称为刀螂。它是有名的突击好手，常常会在温暖的阳光下的草丛中或树枝上伺机捕食其他昆虫。

螳螂分巨眼螳螂、长角螳螂、绿螳螂和红花螳螂等许多种类。看似幼小的螳螂其实是凶猛的捕食者。某些种类的螳螂外形就像一朵花，这种伪装使它们既不易被猎物发现，也不易被鸟类等捕食者发现。

螳螂吃蝗虫、苍蝇、蚊子、蝶、蛾等害虫。一只螳螂在3个月内能吃掉700多只蚊子。它平时栖息在植物上，身体的颜色与环境相似，不易被发现。螳螂一旦发现目标，就如箭射出一般猛扑猎物，捕获过程只需要0.5秒钟，而且百发百中，从不扑空，因此被称为"捕虫神刀手"。

螳螂的嘴可以轻松咬裂甲壳类小虫的坚硬翅膀，并且经过细细地碾磨嚼碎后才咽到肚中。

蜜蜂家族的分工

蜜蜂属膜翅类昆虫，它们过的是群体生活，那么它们是怎样分工的呢？

蜜蜂王国中，以蜂王为中心，分工严密，各司其职。蜂王产卵时，工蜂负责伺候。雄蜂在春天出现，与蜂主交配后，进入夏天就完成使命而死去。工蜂则要忙碌整个夏天，做巢、采花粉、保护蜂王产卵等。众工蜂把采回来的花蜜和花粉收集起来，妥善储存，留着在冬季里食用。

蜜蜂之间有自己特有的传递信息方式。它们扇动翅膀，用不同的舞姿来表达不同的信息。当它们用翅膀或腹部的振动，以"8"字形路线飞行，是通知同伴们，有蜜的花丛在较远的地方，沿着哪个方向走能够到达；用画圆圈的方式向前飞行，则是说明有蜜的花丛就在附近25米以内。

总爱打架的独角仙

独角仙是一种长相特别的昆虫，在南方的树林里，常见到它的踪迹。白天独角仙躲在树干上或泥土缝里，晚上才出来活动，它们专吃树木及其他昆虫的幼虫和植物的茎。

为了对付敌人，争夺食物或者配偶，独角仙常常大打出手。雄独角仙争斗时，用角较大的一方插到对手的腹部下方撑起，把对方弄翻；或利用角和前额的突起物把对方夹住，有时甚至把对方的前肢弄破。在争夺配偶时，雄性独角仙之间往往展开激战，获胜者把对方赶走，迎娶"新娘"。独角仙特别喜欢吸食甜树汁，常常为了抢食树汁而争斗，胜利者可以饱饮一顿，失败者只好灰溜溜地走开。头顶上像犀牛角一样的角是独角仙得心应手的武器。然而，并不是所有的独角仙都长角，长角的只是雄性独角仙，雌性独角仙不长角。雄性独角仙长得个头较大，再加上头顶上的角有杀伤力，一般昆虫都不敢惹它们。

蝉有听觉器官吗

地球上任何一种动物的听觉器官，接受的声波都有一定的频率范围，而且不同种类的动物所能接受的声波的频率范围也不尽相同。当然，昆虫也不例外，每一种昆虫能接受的声波范围也各有差别，超过或低于这个频率的声音，它们就听不到了。

曾经有一位法国昆虫学家对蝉的听觉做过试验。夏季，树上的蝉"知了、知了"地唱个不停。这位昆虫学家在蝉的周围发出很大的声响，如拍掌、叫喊，但都无法使蝉产生反应。后来，他动用土枪，在蝉的旁边连连发射，可是蝉依然无动于衷。于是这位昆虫学家就断言：蝉是聋子。

其实，蝉并不是聋子，只是它们接受的声音频率与人不同。现代科学家经过长期观察和研究，得出了结论：蝉和其他昆虫一样，是有听觉器官的。蝉的听觉器官长在腹部第二节附近，由较肥厚的像丝样的物体所组成，上面布满灵敏的感觉细胞。当声波传到听觉器官时，感觉细胞把该信号传到脑子里，蝉就能听到声音了。

蜻蜓有多少只眼睛

昆虫的视力都不太好，蜻蜓却是个例外，它的复眼特别大，整个头部差不多都让那两只凸出来的复眼给占领了。

说出来你可能会大吃一惊，蜻蜓的两只大眼睛是由 10 000~28 000 只小眼构成的，这在昆虫中是最多的，所以它在昆虫中视力也最好，能看清 5~6 米远的东西。蜻蜓眼睛的构造也非常特殊。复眼上半部分的小眼睛，专门看远处的物体；而下半部分的小眼睛，则专门看近处。昆虫的眼睛大多不能活动。但蜻蜓的眼睛能随颈部自由转动，所以蜻蜓能够瞻前顾后，环视左右。

蜻蜓的眼睛对移动的物体特别敏感，可以根据小飞虫从一个小眼移到另一个小眼的方向和时间来确定猎物的运动方向和速度。一个物体突然出现时，人眼需要 0.05 秒才能看清轮廓，而蜻蜓用不了 0.01 秒就能看清楚了。所以，蜻蜓捕捉猎物时就很容易了。

会织网的蜘蛛

在农村生活过的小朋友应该都见过蜘蛛网，你知道那些蜘蛛网是怎么织出来的吗？

蜘蛛可以称得上是织网能手。它织网的丝很细，很难看清楚。只有用放大镜观察，才能看得清楚些。

织网的丝是从蜘蛛尾部的小孔中出来的，科学家把这种小孔叫丝囊。丝线是蜘蛛身体内的纺织腺分泌的，这种液体出了蜘蛛体遇到空气就变硬了。有时候蜘蛛需要用它的后肢帮忙才能抽出丝来。蜘蛛在草上、树枝间或屋檐下来来回回地吐丝结网，织好网之后，它在网的附近结一个丝窝。然后，蜘蛛躲在窝里，等着捕捉落在网里的小虫，这种网具有很大的黏性。

蜘蛛除了用丝结网捕食小虫外，还会用丝线保护自己。当你把树上的蜘蛛弹下来的时候，蜘蛛不会摔到地上，会吐丝把身体悬挂着慢慢落到地上，或是悬在丝线上来回摆动，然后慢慢沿着丝线爬回树枝上。

宠物昆虫

人所共知，将猫、狗等动物作为宠物喜爱着、甚至相依为命的人为数不少，但有人视昆虫为宠物并相伴生活的就鲜为人知了。

"甲虫" 先生

"甲虫" 先生拥有 10 多种甲虫，如楸形甲、独角仙等常见种，还有一些稀有种，如一种十分少见的东南亚甲虫，人称 "南洋大兜虫"。而另外 3 种被台湾列为珍稀保护类甲虫——长角大楸形甲、台湾大楸形甲和台湾长臂甲，更是 "甲虫" 先生的无价之宝。他对它们精心喂养、倍加呵护。平时他将甲虫安置在特别的养虫罐中，偶尔也允许它们外出散步。每当这时，这些宠物就会肆无忌惮地满屋到处乱爬，好一个热闹的甲虫乐园。

如果你有机会步入"甲虫"先生的居室，一定会被他浓浓的甲虫情结所吸引。

蚊子"夫妻"

无独有偶，在美国艾伯塔市有一对夫妻，对蚊子情有独钟，一生养蚊，乐此不疲。夫妻俩并不像"甲虫"先生那样"孤芳自赏"，而是有组织、有规模、有宣传地大养蚊子。有消息称，他们饲养的蚊子数量已超过百万。1994年他们还正式成立了"艾伯塔野生蚊子保育会"，不仅广招会员，而且还开设了"蚊子夫妻店""快乐傻瓜农场"，专门养育蚊子，吸引养蚊爱好者来共同分享他们的快乐。他们特制了许多木制"养蚊微房"，挂满了整个农场，精心养育和管理着他们的蚊子宠物，使前来参观的人可以目睹蚊子世界、亲身感受养蚊乐趣。令他们欣喜的是，如今他们的养蚊爱好日渐扩大，喜爱蚊子的会员已增至300名。按照他们的规定，终身会员可获得1个"养蚊微房"，但要付5美元；若付20美元，可在农场亲自养育蚊子。就这样，"蚊子夫妻"使他们的"快乐傻瓜农场"变成了对蚊子情有独钟者的欢乐园地。

大话海星的"分身"绝活

海星虽然生活在海洋中，但它不会游泳，它依靠腕在岩石、海底或海床上爬行。海星大约有6000个品种，大多色泽鲜艳。不同颜色的海星伏在海底，看上去格外漂亮。

海星是个奇妙的动物，嘴长在身体的底面，正好在腕的正中央，肛门却在身体背面。它吃东西的样子非常奇特，胃能从身体里翻出来，把贝肉裹住，并分泌消化液进行消化，等到把消化的贝肉吞下去，胃再缩回体内，这种用胃取食的方式在动物界是绝无仅有的。

海星还具有高超的"分身"本领。它可以用腕代替脚来行走，能在危险时割体逃生，一段时间后，缺损的腕会重新长出来。

泡沫蝉与它的泡沫

到了夏天，我们经常可以在草木丛中见到一团团的白色泡沫，这些泡沫是哪里来的呢？如果拨开泡沫，我们就能发现里面会露出个小虫来，那一团包在它身体外面的泡沫，就是它分泌出来的。

这种会分泌泡沫的虫子叫泡沫蝉，是蝉家族的一个成员。为什么泡沫蝉能产生泡沫呢？原来，它身体尾端的两侧有泡沫腺，能分泌出又稀又黏的液体。另外，在泡沫蝉的身体两侧有气门，能排放出气体。泡沫腺分泌出来的液体，与气门排放的气体相互混合，就形成了一个个气泡，气泡越来越多，最后形成一团团的泡沫。

泡沫蝉经常附着在树枝和草茎上，头朝下，尾部"吹"出的气泡渐渐向下蔓延，把泡沫蝉的身体重重包围住，这也是泡沫蝉的一个自我保护手段。

冰砖中的小虫

放在速冻箱里的冰砖中会出现活虫！这绝不是危言耸听的谣传，而是千真万确的事实。

在解剖镜下发现这些虫为幼虫，约米粒大小，两头尖尖呈纺锤形，橘黄色，用细针轻轻拨动，虫体会前后蠕动，非常鲜嫩。经查阅，鉴定为瘿蚊幼虫，其成虫与小苍蝇十分相似，会飞。有资料记述，这种幼虫可在-4℃的环境中生存3个月，难怪它会出现于冰砖里。当然，这样的事情虽属偶然，但终究是出现了。因此，这里要提醒读者，在炎热的夏天，冰箱并非是保险箱，低温下也有病菌及小虫可以繁殖，夏日里要注意饮食卫生；食品生产厂家更要注意车间及其周围环境卫生措施，免得让无孔不入的小昆虫有机可乘。

昆虫的寿命

比起其他的动物，昆虫的寿命就显得短多了，一般的昆虫寿命都不长。

如果要说哪一种昆虫的寿命最短，那大概要数蜉蝣了。蜉蝣是昆虫里的"短命鬼"，它的成虫在水里形成，然后爬上岸，最多只能活一天甚至几个小时，雄、雌蜉蝣完成繁殖任务后，就先后死掉了。所以，古代人们形容蜉蝣的短命是"朝生暮死"，真的是十分恰当。

为什么蜉蝣的生命如此短促呢？实在是因为它的体质太差了。它长着 1 厘米长的瘦弱身体，翅膀非常单薄，前肢又宽又大，后翅较小，嘴根本不能用来吃食物。6 只脚非常软，不能走路，勉强可以用来攀爬草叶。尾巴上拖着两条须，比身体要长。蜉蝣只能进行升降运动，根本没有力气飞。所以当它用足气力完成繁殖使命以后，就再也没有气力活下去了。

掠食者的忽悠

全世界大约有 4000 种蟑螂，其中绝大多数生活在野外。它们以动物的腐尸、粪便以及植物的枯枝败叶为食。不过它们聚集在动物尸体上的样子确实让人看了很不舒服。因此人们很难理解如果没有蟑螂、苍蝇、埋葬甲等小昆虫及时清除腐败了的动物尸体，疾病就会蔓延开来的道理。然而就整体而言，正是苍蝇、蟑螂、埋葬甲这些小昆虫，阻止了疾病的大爆发大流行。

栖居在各类建筑物内与人类为伴并且与医学有关的蟑螂有 10 种。其中常见的只有 4 种。没有想到，我们千方百计要消灭的蟑螂，原来它们中的绝大多数对人类是无害的。有一种观点认为，有些昆虫的确会传播疾病，但环境被破坏、物种之间的平衡被打破才是万病之源。

一个特定的物种，只有将它们放在原有的环境中去考察，才会发现哪怕是我们最痛恨的昆虫，也有暗中为善的一面。蟑螂存在的价值也不仅仅体现在处理野外荒郊的动物尸体上。很多人可能从来没听说过，蟑螂还能为植物传播花粉，并且有 80% 的蟑螂都有这种本领。一种生长在印度尼西亚的爪哇和苏门答腊等地热带森林中的大王花——莱佛西亚花和巨魔芋，就是靠臭味招引小昆虫在花中爬上爬下，为自己传播花粉。很显然，大王花们对苍蝇、蟑螂等小昆虫价值的认识比人类有更独到的眼光。其实，生物物种间的相互依存关系比我们

想象的还要亲密。

多年来，科学家一直把蟑螂作为动物逃脱反应的模型来研究。虽然它们对蟑螂的神经回路加以大力研究，但是他们发现在这小小的动物身上，依然有很多可以研究的问题。

有研究声称，蟑螂在摆脱掠食者追踪的时候，会选择安全的撤离方法，在所有的路线之中，还会任意地选择自己喜欢的路线，可以反向预测掠食者的方向。

经过研究发现，虽然蟑螂不会通过随机的方向逃跑，但是，它们似乎同样也不会通过可以预知的方向逃跑。在研究中，研究员通过重复实验来获得蟑螂在受到威胁时的逃命路线。它们发现蟑螂会在所有的逃脱路线中选择自己喜欢的路线，在受外界刺激时所处的方位会限制它们逃命的选择余地，不是完全随机的。如果蟑螂在受到某个方位刺激的时候，比如正面，它们会沿着4个主要的安全撤离路线逃命。而在神经层面上，科学家无法给出一个准确的答案来，可以肯定的是蟑螂不是唯一一种利用这种方法逃命的动物。此外，这个发现对进化动力提出了疑问，这种进化动力是推动不可预知的反掠食者行为产生的动力。

卵粒可以计时

冬天，对于大多数生物来说，是一个严峻的季节，即使是人类，也不例外。然而，大多数昆虫在漫长的进化过程中已经获得了安度严冬的本领——越冬滞育。昆虫种类繁多，越冬滞育的虫态各不相同，但对某一地区的特定的昆虫种来说，每年进入越冬滞育的虫态是固定的，并主要受光周期变化的影响，每种昆虫体内都有一个感受光周期变化的生物钟。

大量研究表明，昆虫控制越冬滞育的生物钟主要存在于成虫及幼虫阶段，

一般光周感受期都在初龄幼虫阶段。这也并不奇怪，因为成虫有复眼、单眼，幼虫有单眼，它们和人类的眼睛有类似的功能，能感受光亮。

茶长卷蛾是一种食性较广的鳞翅目昆虫，主要为害茶叶等常绿阔叶树，也为害水杉等落叶树，甚至为害大豆、茄子等农作物。这种虫以幼虫越冬。然而，仅对幼虫进行短日照处理的话，幼虫并不进入滞育状态，只有从卵期开始进行短日照处理，幼虫才能进入越冬滞育状态。这说明茶长卷蛾虽然以幼虫越冬，但控制越冬滞育的光感受期是卵期。小小卵粒既无眼，又没有发育完善的神经系统，却能精确地计时，其中之妙还有待我们去研究。

蜻蜓为什么点水

蜻蜓点水，并不是蜻蜓闲来无事在戏水，而是在产卵。蜻蜓的卵是要在水里孵化的，它们的幼虫也是在水里生活的。池塘中的浮游就是它们赖以生存的食物。蜻蜓的幼虫，被称之为"水虿"。当蜻蜓开始产卵时，会不断地贴近水面，一次又一次把尾部插入水中，每点一次就产一些卵，然后再飞起来，所以旁观者看起来蜻蜓似乎在玩耍，其实它们是在为繁殖下一代忙碌。

喜欢吸人血的牛虻

牛虻是一种常见的昆虫，长得很像苍蝇，但是比苍蝇要大，它的嘴相当尖利，能刺破人或动物的皮肤，吸食流出来的血液，所以它像蚊子一样令人讨厌。

牛虻喜欢吸牛和马等动物的血，也喜欢吸人的血，尤其盛夏在水边，很多牛虻就会飞来，在人们的周围转来转去，寻找机会下手。

为什么牛虻这样喜欢吸人血呢？这是因为它对人血液里的一种物质特别感兴趣，这种物质是由多种氨基酸和具有甜味的胺混合成的。尤其在盛夏季节，由于天气闷热潮湿，人的体温升高出汗，血管和皮肤毛孔扩张，这种物质就会从毛孔扩散出来。牛虻一闻到这种气味，就会蜂拥而至，这是牛虻叮人最厉害的时候。

桑叶为什么会成为蚕的至爱

我们都喜欢漂亮的丝绸制品。你知道吗？五颜六色的丝绸都是由蚕吐出的丝织成的。蚕平时最喜欢的食物是桑叶，这也是蚕一生的主要食物。

为什么蚕喜欢吃桑叶呢？鲜桑叶中除了含有大量的水分外，还含有丰富的蛋白质、糖类、脂肪、矿物质、纤维素和有机酸。蛋白质、糖类、脂肪和矿物质，是蚕用来制造蚕丝的主要原料。

蚕是靠它的嗅觉和味觉器官来辨别桑叶气味的。如果破坏了这些嗅觉和味觉器官，它就无法辨别桑叶的气味，于是，它就不再挑剔，就能随便吃其他植物的叶子了。

一条蚕，从孵出来到吐丝结茧，要吃掉30克的桑叶。到现在为止，已经知道蚕能吃的食物很多，除桑叶外，还有柘叶、榆叶、无花果叶、蒿柳叶、蒲公英叶、莴苣叶、生菜叶等。但不管怎样，蚕最爱吃的还是桑叶。

蝴蝶长途迁飞之谜

蝴蝶不仅喜爱聚会，还能长途迁飞，甚至能成群结队漂洋过海。据文献记载，最早发现蝴蝶漂洋过海的是航海家哥伦布。他在环球旅行的途中，发现成

千上万只蝴蝶成群结队从欧洲飞往美洲。据统计，全世界曾有 200 多种蝴蝶，发生过上千次迁移飞翔。

第一个谜——蝴蝶为什么要迁飞？

有的昆虫学家认为，昆虫迁飞是为了逃避不适于自身生活的环境条件，是物种生存的一种本能行为。它与遗传和环境条件有关，并提出了两种假说。但是这两种假说并不能解释多种蝴蝶迁飞的现象。如美洲的大斑蝶，每当冬天来临之前，它们就纷纷结群，从寒冷的北美洲加拿大出发，飞到墨西哥的马德雷山区过冬。来年春天，它们又成群结队，浩浩荡荡地飞向北方，行程近 1500 千米。每当蝴蝶迁飞时，蝶群如行云一般，遮天蔽日。有人曾测算过迁飞的蝴蝶数量，有 300 多亿只。不可思议的是，它们个个目标明确、直飞目的地，一直坚持不开小差，并且每年定期在固定的两地之间迁飞，也绝不会迷失方向，错入他乡。科学家目前仍无法破译这个谜。

第二个谜——蝴蝶迁飞的能量从何而来？

弱不禁风的小小蝴蝶，为什么有飞越崇山峻岭、漂洋过海、航程 3000 ~ 4000 千米的巨大能量？这股能量是从哪里来的？

有的科学家认为，蝴蝶迁飞那么远主要是靠风力。因为许多迁飞昆虫迁飞的方向均为顺风方向，即昆虫是随季风由南到北，由东到西迁飞的。但另一些昆虫学家认为，上述迁飞现象只是风载型迁飞昆虫的表现，而蝴蝶的迁飞方向和路径，不受季风左右。并且它们有一定的自控能力，可以逆风或横切着风向飞行，奔向它们的目的地。

有位苏联的科学家认为，蝴蝶迁飞时使用了先进而节能的"喷气发动机原理"。他发现一种墨星黄粉蝶在飞行中竟有 1/3 的时间翅膀是贴合在一起的。它们巧妙地利用自己翅膀的张合，使前面一对翅膀形成一个空气收集器，后面一对翅膀形成一个漏斗状的喷气通道。两翅间的空气由于翅膀连续不断地扇动而被从前向后挤压出去，形成一股喷气气流。一部分喷气气流的能量用以维持飞行的高度，另一部分喷气气流所产生的水平推力则来加速。蝴蝶就是用这种"喷气发动机原理"来飞越千山万水的。但蝴蝶是如何操纵这个"喷气通道"的，仍是个谜。

第三个谜——蝴蝶是靠什么来定向导航，克服种种恶劣天气，奔向目的地的呢？

鸟类学家认为蝴蝶是靠"暖气流"导航的。如春天迁飞的蝴蝶最早出现在英国，而不是出现在南面的德国，就是因为英国海岸边有墨西哥湾暖流通过。科学家进一步观察研究发现，当蝴蝶的身躯发生倾斜、俯仰或者偏离航向的时候，触角的振动平面会发生变化，而且这种变化能很快被触角基部的感受器感受到，并立即传向胸部。蝶脑分析完"信号"以后，便向一定部位的肌肉组织发出"命令"，把偏离的方向纠正过来。

昆虫学家贝克专门研究了昆虫导航问题。他发现，远距离（2000 千米以上）迁飞的蝴蝶（如斑蝶），靠太阳导航时，能根据太阳方位角的日变化，来调整航向。换句话说，它的飞行方向，并不总是和太阳方位角保持恒定，而是随着太阳方位角的变化而变化。这种变化是通过体内的生物钟来调节的。如上午 9~10 点，它是向着太阳飞行的话，到了下午 3~4 点，它就调整到背着太阳飞行了，但始终保持飞行路径接近一条直线，以便用最短的航程到达目的地。他的研究似乎证明了蝴蝶是靠太阳导航的。

1981 年，佛罗里达大学的科学家在蝴蝶的脑袋和胸腔内发现了极细小的微磁粒。他们认为这些微磁粒是蝴蝶迁飞的"导航仪"，是蝴蝶体内的"生物指南针"。但是，蝴蝶是如何使用微磁粒发现地磁场，从而确定方向的，仍然是一个谜。

蚂蚁的认路本领

蚂蚁外出寻找食物时一走就很远，相当于人到几百千米以外去。可是，蚂蚁没有眼睛，它又是怎样准确无误地回到自己的巢穴中去的呢？

科学家通过长期研究发现，蚂蚁是依靠气味来导航认路的。蚂蚁没有眼睛，它走路时，完全靠头部的一对触角来探路。蚂蚁的触角十分灵活，它具有两种功能：一种是触觉作用，蚂蚁利用触角，探明前面物体的方位、形状、高矮、大小以及硬度等情况，然后很快作出是否通行的判断；另一种作用是嗅觉作用，原来，蚂蚁边走边从肛门和腿部的腺体里分泌一种具有特殊气味的物质，这种物质能在路上暂时留下气味和痕迹，当蚂蚁返回巢穴时，只要循着这条留有气味的痕迹，就能准确无误地回到家，这叫做"气味导航"。

有人做了个试验，如果在蚂蚁身上或走过的路线上洒上香水，蚂蚁就再也回不了家了。即使回到家也会被其他蚂蚁咬死。这是因为每一个蚁巢中都有它特殊的气味，蚂蚁就是靠这种气味来区别自家人或外人的。

被称之为大力士的蚂蚁

你注意过蚂蚁搬东西吗？一群蚂蚁，能把很大的食物搬回自己家里去，一只蚂蚁，也能拖动比它大得多的东西。

科学家实验证明，蚂蚁搬的东西，可以超过它自身重量的 50 倍。若按此计算，蚂蚁是动物界名副其实的举重冠军，连号称昆虫大力士的螳螂也要甘拜下风。

蚂蚁之所以有如此大的力气，奥妙就在于其腿部的肌肉，它们简直就是一台台高效的发动机组。蚂蚁肌肉所耗的能量，是复杂的化学物质，实在是很神奇。蚂蚁的腿运动时，肌肉产生一种酸性物质，引起这种原料急剧变化，肌肉便迅速收缩，产生巨大的动力，便能将比自己重几十倍的东西举起来。

雌螳螂为何要吃掉丈夫

螳螂的一对前足，犹如刀斧手高举的大刀，所以有些地区也称它为"刀螂"。

无论在热带、亚热带和温带，都有螳螂生存着，其种数在 1800 种以上。

螳螂除了前腿特别巨大外，最明显的特征是那带着复眼的高度灵活的头。它的眼睛可以盯住正前方的任何目标，而其他昆虫即使扭断了头也做不到这点。这一对大大的复眼在宽大的头盖上，这使得螳螂能更好地测定猎物的距离。这些眼睛可以迅速调整，以适应耀眼的太阳光或者黎明和黄昏时分照射在叶面上的光线强弱变化。不过，螳螂是一种日间活动的生物，因此没有适应夜间活动的视觉能力。它的每只眼睛中都有像瞳孔般的圆点，看起来简直就像射向猎物的射击孔。

螳螂是食肉的昆虫，也就是专门吃其他虫类的昆虫。如果小虫在草丛中偶然遇到了螳螂，毫无疑问即是大祸临头。螳螂追捕小虫的时候，就像猎人追踪野兽一样，猛追不放。有时候又像渔翁垂钓，静待鱼儿上钩。当它藏在暗处聚精会神地监视要捕捉的虫类的时候，就把细长的中足和后足缓慢移动，轻手轻脚接近小虫，连它站立的叶子，也毫不颤动，使小虫无从察觉，真是"神出鬼没"。

当螳螂准备捕捉蜂类和蝴蝶的时候，采取的"战术"是隐藏在花朵的背后，摆成"伏击阵势"。这时，它竖起上半身，抬起那对像镰刀似的前足，耐心地静待几分钟甚至十几分钟，等到蜂类和蝴蝶接近，才一跃而起。螳螂伏击时候的姿势，就像虔诚的教徒祈祷的模样。因此，德语把螳螂也叫做"祈祷的信女"。螳螂捕虫的时候，它那三角形的小脑袋，不停地摇动，目不转睛地监视对方，绝不让对方乘机逃跑。有时距离要捕捉的虫类稍微远些，螳螂不等小虫接近，也会一跃而上，把小虫捉住。当螳螂捕捉蝉和蚱蜢等身躯较大的昆虫的时候，就使出浑身的招数，猛然挥动那对像镰刀似的前足，竭力向对方狠狠砍去。这一手实在使对方难以招架，不等挣扎，就一命呜呼了，螳螂马上进行一顿丰盛的美餐。螳螂对食物的选择有一个条件，就是要活的。只要是活的小虫，它就捉来吃掉，绝不挑肥拣瘦。因此，就是它自己的"家族"和"晚辈"也一定要时刻留心，否则，就有被吃掉的危险。

螳螂的小嘴，生在三角形头部的下面，从上到下，越缩越小。它那两个"大牙"，既有力又坚硬。据文献记载，古代日本，在民间曾广泛使用螳螂嘴咬的方法拔除脸上的小瘊子。所以日本民间也把螳螂叫做"拔疣虫"。螳螂由于它的奇特外形和两种不同速度的生活方式——一个是纹丝不动的欺骗等待，另一个是闪电般的打击，被人们看作为一种令人极其迷信、敬畏的生物。

在东方人的历史中，则是把螳螂作为勇猛的象征。日本人称它为镰刀，它们的好斗进取气概常与古代日本剑客的名字相关。中国武术中有模仿螳螂动作的拳术。

在数百万年的进化过程中，螳螂已遍布所有气候适宜的地区，在热带和亚热带地区繁殖特别旺盛，而且已经形成与各种环境相适应的保护色和形态。在热带森林中，绿叶螳螂遍布在各种叶层中。棕色干树叶下的螳螂则在林木底下繁殖。螳螂还出现在草原及无树平原、灌木丛以及沙漠地区。它们的种类繁多，形态各异，有像花的、树枝的、蚂蚁的、地皮的、树皮的等。因此可以很容易地理解，为什么它们有1800种之多，其数量比地球上的人口还多。

秋天是螳螂"结婚"的季节。结婚，按说是应该欢乐的喜事。可是，在螳螂世界里，"结婚"就意味着雄螳螂要大难临头了。在交尾时，雌螳螂会转过头来吃掉雄螳螂的头及前肢。没有了头的雄螳螂还可以继续交尾，因为其躯体中残存的神经组织尚能支配生殖器官的功能。

雌螳螂吃掉雄螳螂，是昆虫生态学中一个非常有名的插曲。如果雌螳螂摄取的食物中含有极为充分的蛋白质的话，就不一定要把雄螳螂吃掉。可是，在自然环境里，雌螳螂生理上所需要的蛋白质，光依靠它所能捕捉到的小虫，是远远不够的。雌螳螂为了产出饱满的卵，培育出健壮的后代，至少要吃掉 4 ~ 5 只雄螳螂那么多的蛋白质，才能满足它所需要的养分。尽管雌螳螂是那样"身强力壮"，但是，到了产完卵以后，也是精疲力竭地死去。可以说，它们"夫妻"双双都是为了下一代而献出自己的生命！

百毒不侵的苍蝇

小小的令人讨厌的苍蝇，却在第二次世界大战期间，引起了许多军事学家、生物学家、病理学家的极大兴趣。开始的时候，昆虫学家们认为，苍蝇虽然浑身上下携带大量的细菌，但是苍蝇的身体却不适合细菌的繁殖要求，所以细菌不能在苍蝇体内大量的繁殖从而就产生不了大量的毒素，也就不会得病。而其他的科学家，则提出相反的意见，认为这些细菌是可以在苍蝇的体内繁殖的，这些细菌对人类来说是有害的、致病的，但是对那些小小的苍蝇来说却不是病菌。研究发现，苍蝇的吃饭方式是"一边吐，一边吃，一边排泄"。在 7 ~ 11 秒内将营养物质全部吸收。与此同时又将废物连同病菌迅速排出体外。在细菌"繁殖子孙""制造疾病"之前就已经逐出体外。所以，苍蝇不会得病。

20 世纪 80 年代，意大利的科学家发现，苍蝇体内有特殊的免疫能力，致使它们能够不得病。其实，有些病菌繁殖的速度也是相当快的，甚至可以在几秒之间就可以完成繁殖后代的任务。如果是这样的话，它们完全可以在苍蝇的体内"兴风作浪"，甚至要苍蝇的命。通过研究人们再次发现，当病毒威胁着苍蝇机体健康的时候，它们的免疫系统就会立即放出两种免疫蛋白来抵抗，这两种蛋白一般联手应敌，如果这时候体内的病菌过多的话，免疫系统会不断地增强，直到把细菌彻底消灭干净为止。

20世纪90年代，日本科学家经过多年的试验和研究，发现在昆虫的长期演化过程中，抗菌肽很早就已经存在了，这些抗菌肽不仅抗菌能力强，并且可以抑杀某些真菌、病毒及原虫，对正常的机体是没有什么影响的，从而拓宽了这些抗菌体的应用前景。

虽然小小的苍蝇给人们带来了很多不好的地方，但是它的本领是相当强的，只要我们肯去研究它，相信一定可以把它身上的秘密全部揭开，并且还可以造福于人类。

萤火虫之间如何交流

萤火虫有一个长在腹部末端的发光器官，它黑夜发光，白天不发光。它的眼神经末梢控制着发光的时间，当萤火虫的眼睛受到光亮刺激时，眼神经末梢立刻向脑神经中枢发光器官周围的小神经发出命令，于是，"灯"就关闭了，萤火虫有控制小"灯"发光的特殊本领。

萤火虫所发出的光并不是无意义的，它们可以通过"灯语"来"交流"，互相传递、沟通信息。同一种萤火虫，雄虫和雌虫之间能互相用"灯语"联络，完成求偶过程。雌性萤火虫会以很精确的时间间隔向雄虫发出"亮—灭—亮—灭"的信号，这种时间间隔虽然很短，对于人来讲很难分辨，但萤火虫却能毫不费劲地准确判断对方的意思。当雄虫收到雌虫的"灯语"信号后，就会立刻发出相应的信号来回答。于是，它们就互相用这种特定的光信号进行交流，最后飞到一起，结成配偶。由此可见，萤火虫所发出的光对于它们的繁殖具有特殊的意义。

蝉是最长寿的昆虫

1997 年的夏季，从美国的卡罗来纳州到纽约，每天晚上都有无数的黑色小虫子从地下飞出来，这就是十七年蝉。它们飞到几乎所有竖立着的目标上，如树木、电线杆和建筑物，不一会儿，雄蝉发出欢乐喧闹的叫声，引诱雌蝉，这标志着它们自 1980 年出生之后在地下生存了 17 年，今年到地面上来举行"婚礼"了。

十七年蝉经过交配后，雌蝉就钻进树的表皮，把受精卵通过锯状的产卵器排在树枝的裂缝中。过 3 ~ 4 周之后，老的雄蝉和雌蝉就死去。留下的受精卵经过发育孵化出来无数 1 毫米长的幼虫，它们本能地从树上落到地下，又钻进地里藏了起来。这些幼虫在地下洞穴里要经过 5 个年龄期和 5 次蜕壳，才能长为成虫。绝大多数的昆虫

只有一年或更短的生活史，一般的蝉只有 3 ~ 9 年的生活史，虽然还有一种十三年蝉，但十七年蝉在地下生活了 17 个年头，这使它获得了昆虫世界里最长寿的头衔。

昆虫如何适应气候

为了适应环境温度的变化，昆虫有着种种奇妙的调节体温的办法。

有的昆虫用改变飞行的姿态或位置来调节体温。如蝗虫群飞时，上午是迎着太阳光向东南方向飞行，下午又追着太阳光向着西方飞行。

蝴蝶的身体表面有一层细小的鳞片，这些鳞片就有调节体温的功能。当气温升高时，这些鳞片会自动张开，以减少太阳光的照射；当外面气温下降时，这些鳞片又会自动地闭合，紧贴住蝴蝶的身体，让太阳光直射在鳞片上，从而使身体能吸收更多的太阳能量。

更使人惊奇的是，有的昆虫还会用鸣叫来调节体温。越是炎热的夏天，蝉的鸣叫越响亮。

夏季气温超过 38℃ 时，蜜蜂就把大量水分带到蜂巢里，一起鼓动着翅膀，让水分很快地蒸发并被扇出去，这样就可以降低巢内的温度。

瓢虫是害虫吗

瓢虫是人们喜爱的昆虫之一。它们有许多不同的种类，尽管有些是黑色带红星的，但通常是红色或黄色带有黑星的。

所有的瓢虫都具有这样的特点，具有鲜明的颜色，并以此来警示鸟类和其他想吃它们的动物，它们的味道很不好。

七星瓢虫体长 5～6 毫米，卵圆形，背面拱起像半个球，背上有 7 个黑斑。喜欢成群迁飞，我国北戴河边，每年 5～7 月，都会被瓢虫遮盖，成为一大片红色。它们爱吃棉蚜、麦蚜、菜蚜、桃蚜，是害虫的天敌。

让人毛骨悚然的吃人蝴蝶

在自然界中存在着一种能够吃人的蝴蝶，在巴西北部山区发生了蝴蝶吃人的事件。有一次，一支由 10 个人组成的科学考察队，从巴黎出发到巴西北部的山区进行考察，在雨过天晴的下午，其中有一个队员与队伍走失了，队员们找了他很长时间，临近傍晚时他们才在草丛中找到了失踪队员的尸体。而在他的尸体周围飞翔着一群颜色艳丽的蝴蝶，经过医生的检查，证实他是被蝴蝶咬死的。小小的蝴蝶难道真的能够致人死亡吗？为了解开人们心中的疑虑，考察队员进行了调查，这些美丽的蝴蝶是巴西北部山区独有的，那一带的山民们说：它们的主食是动物的肉。当遇到兔子、山鼠的时候它们就几个聚在一起，成群地追啃蚕食；碰到大的动物，像牛、羊之类的，它们则数以千计地联合起来，进行围攻叮咬，直到把对方叮死，分食完毕为止。任何人只要想进入这一带，就必须穿保护衣，不然的话就会遭到这种吃人蝴蝶的袭击。

蝴蝶能够咬死人，这可真称得上是奇闻，为了进一步进行研究，科学家们捉了几只，把它们和老鼠放在一起，蝴蝶果然对老鼠进行了围攻，当老鼠被咬死、蚕食后，他们对被蝴蝶啃过的老鼠进行了化验，发现这种蝴蝶的唾液中含有一种剧毒物质。它们咬了人或动物后，这种剧毒物质就会进入人或者动物的体内，人或者动物逐渐就没有了知觉，直至死亡。所以人们把这种蝴蝶称为"吃人蝴蝶"。

昆虫之间也有母爱

"世上只有妈妈好，有妈的孩子像个宝……"

这是一首很著名的颂赞母爱的歌曲，其实母爱并非人类的专利，即使低等动物，像小小的昆虫，在对待自己子女上，同样表现出无限的爱怜，给人们留下深刻印象，下面来举几个例子。

有些昆虫在子女出生之前就对其日后生计作了周密安排，使幼虫一孵化出来就能享受到可口的食料。有一种沙蜂，为了后代，在炎热的沙地里与狼蛛进行艰苦搏斗，用尾针注射毒液，将狼蛛麻醉，并经过长途搬运，才把它拖拉到目的地，然后在其身上产卵，掘洞密封，于是小家伙一出世就不愁没有食物了。

蜣螂是一种口碑欠佳的昆虫，因为它们经常在人畜粪堆里打滚，令人望而生厌，其实它们在粪堆上活动，是为后代储备食物并为人类清除污垢，岂非一举两得的大好事？

生活在池塘里的负子蝽，对于子女的照顾就更深一层了，雌虫唯恐卵子被鱼类噬食，就将其产在雄虫背上，使下一代每时每刻都受到父亲的精心关照！

再来谈谈蠼螋，蠼螋有一对革质尾夹，非常坚硬，可以用作觅食和自卫的武器。雌、雄蠼螋交配后，夫妻俩便开始为后代筹建住所，它们在半尺深的土中共同挖掘出一个宽大的育儿室，育儿室建好后，雄蠼螋总算尽到做父亲的义务，于是就出洞觅食去了，而雌蠼螋则继续留在洞中，准备产卵事宜。从产卵到孵化的10多天里，雌虫一直守在卵堆上，好像母鸡孵蛋似的，时而用口器舔舔卵粒，时而用足将卵上下翻动，幼虫孵出后，一般都聚集在母体周围活动，如果幼虫走散，母虫便四处搜寻，将其带回原处，母虫还经常在夜间出洞觅食，找到食物后，用尾夹拖进巢穴里饲喂幼儿，直到小虫长大，有了猎食和抗敌能力时，才允许它们出洞谋生。

上述事例生动地告诉我们，昆虫也懂得母爱，它们的母爱同样是十分深厚的！

为什么昆虫无法生活在海洋里

荷兰乌特勒克大学物理学家杰勒因·范德黑吉认为，由于开花的植物和昆虫是一起进化的，在海洋中几乎无开花植物，所以昆虫在缺少花的海洋环境中是无法生活的。

其实，昆虫也不是全都不能在水中生活，有3%～5%的昆虫种类生活在湖泊和河流之中，有的好像已经适应了盐滩中的咸度，但是可以肯定的是，几乎没有一种昆虫可以生活在浩渺的海水之中。

人们对这种现象也做了种种的解释，但是，却不怎么令人完全信服。有些人认为，海浪、盐这类自然障碍阻止了昆虫涉足海洋；而其他人则提出，食肉的鱼是一种障碍。但是这些观点却没有阻止蜘蛛类的节足动物涉足海洋，至少有400种不同的海蜘蛛和许多种螨自在地生活在海洋中。

海蜘蛛和螨也属昆虫类，这是我们都知道的。它们不依赖开花植物，能在海洋中生活得很好，已经完全地适应了海洋里面的生活。海洋中绝大多数植物是由简单植物组成，如单细胞的绿色浮游植物以及缺少真正的叶、茎、根的海草。

在全世界，仅仅有大约30种海洋植物生长在海岸区域，而那些开花的植物在海洋中几乎绝迹。也许是因为流体中的微粒运动，从而使那些开花的植物只在陆地上面进化而不移居海洋。如果花粉粒浸入和水同样密度的流体中，那么，从花上脱落下的花粉则会被水流携带走。即使碰巧动物把花粉粒携带到花的枝头（雌蕊顶部，是接受花粉的地方）上，流水也会很容易把花粉冲走。但是在像空气这样的流体中，密度是水的千分之一，柱头可容易落到花粉。这就是水下花罕见的原因。

传统的观点认为，昆虫出现在 2.5 亿年前，它们在沙砾中搜寻食物仅能勉强维持生存，所以繁衍并不兴旺。但是当在 1 亿~1.15 亿年前，由于开花植物的出现，它们的命运从而发生了巨大的变化，数量也在地球上猛增，为了满足吃花粉和花蜜的需要，它们的嘴巴得以进化而且形式多样。就这样，后来大多数的昆虫就依靠某些花来生存。由于开花植物不能在海洋中生息，以花粉和花蜜为食的昆虫由于不必下海而成为"旱鸭子"。

几年前，生物学家勒班代乐提出这样一种观点：早在开花植物出现前，昆虫的种类就已很多，而且已进化成专门的嘴不是吃花而是吃蕨、铁树、针叶松和其他更原始的植物。

勒班代乐解释的道理很简单：海洋中无树。一棵普通的树能为昆虫提供大量的栖息地，根、皮、籽、叶和起加强作用的组织。相比之下，海草仅有一些弹性的叶状组织。陆地生态系统给昆虫赋予这样有独特的栖息地，是植物结构的多样性，而海洋中这种多样性不存在。

昆虫为什么不涉足海洋？恐怕这个问题还需要大量的研究，才能给人们一个满意的答案。

蚊子有吃饱的时候吗

尽管我们非常喜爱动物，但总有些让我们痛恨不已：每当听到蚊子在耳边嗡嗡作响，我们第一个念头就是要消灭它——完全出于正当防卫。我们绝非吝惜那点血，因为有时候还会去主动献血。如果蚊子咬人一口后就此打住，那对我们来说其实也算不了什么。可事实并非如此，蚊子对我们的血管总是不依不饶，留下一个又一个令人发痒的包。它们贪婪地吸血，好像从不满足。

其实我们身上的多处叮痕绝不是一只蚊子的"杰作"，而是它的伙伴们不断加入造成的。一只蚊子不可能如此频繁地出击，否则它早就撑爆了。从每一次吮吸中，母蚊子——也只有母蚊子才会叮人，总是要吸掉 2~10 毫克血液，这已是它体重的 3 倍！它嗜血的欲望会暂时得到满足。一次吮吸往往无法满足需要，这也就带来了更糟糕的结果，它们要不停地从一个寄主身上飞到下一个寄主身上吸血，同时传播诸如疟疾这类危险、常见而且死亡率极高的传染病。

我们常常惊讶该死的蚊子竟有着如此敏锐的嗅觉。哪怕我们只露个小脚趾在被子外面，也能被它们在黑暗中准确无误地找到——这得益于它们处心积虑"研制"出的一套定位系统。蚊子根据温度差异来确定方位，也就是说，它们总是向着更暖和的地方飞。为什么它们没拿暖气片当目标呢？这是因为它们还有一套辅助定位系统，能感觉到人或哺乳动物在空气中呼出的二氧化碳。另外，它还能闻出汗液里所含的丁酸，而我们最多也就只能闻出身旁人的脚臭。

正因为它们通晓生化知识，所以绝不会认错目标。一旦蚊子找到猎物，它们就会把细小的针刺式口器插进其皮下的毛细血管里。光这么刺一下倒不会让人有太多感觉。但它们的"唾沫"里还含有其他物质，比如组胺，以防止血液凝固，堵塞它们那仅有数微米粗的"针头"。这种物质就是让我们瘙痒难忍的罪魁祸首。好在蚊子在这个世界上还有着众多克星：蜘蛛、鸟类、蜻蜓、蝙蝠和鱼。

蚂蚁如何捕获食物

相传，公元前 203 年，楚汉相争的最后一役，项羽的 10 万人马被韩信的 30 万大军围困于垓下。项羽虽然连吃败仗，但还是率残部与汉军决一死战。无奈楚军大势已去，陷入"四面楚歌"之中。项羽兵败，逃至乌江边，正要乘一只小船渡江时，突然看见江边由蚂蚁组成的"楚霸王死"四个大字，他长叹一声："此乃天意，非战之过也。"说完拔剑自刎。原来这是韩信的计谋，他用蜂蜜预先写下这几个大字，蚂蚁见蜜而来，致使十分迷信的楚霸王上当受骗。

20 世纪，埃里兄弟就通过实验发现了蚂蚁有捕获紫外线放射的能力，后来许多天文学家借助完善的仪器证实了蚂蚁发现的新星体。蚂蚁到底是怎样的一群动物呢？蚂蚁喜欢群居，有明显的多型现象。可别小瞧这小小的蚂蚁，它们能建立起组织完整的复杂"城市"。它们的"蚂蚁城"，有 5000 个左右的成员组成。而且，蚂蚁女王随时都可以了解到食物的储存情况。蚂蚁女王考虑得还比较周全，如粮食多了它们会多生育，如果粮食少了的话就会少生育；而且还能根据"护城卫士"、筑巢和建立新的群体所需要的蚂蚁数量来调节其"人口"结构。

蚂蚁王国是一个永远协调一致的"共和国"。王国里的蚂蚁们都是彼此平等的，就连心目中高高在上的蚂蚁女王也仅仅起"生儿育女"的作用。在蚂蚁王国里面所有的蚂蚁都有一个共同的职责，那就是设法"说服"其他的蚂蚁。如果一只蚂蚁找到一个有丰富食物的地方就会建议"迁都"并且劝说其他蚂蚁一起行动。

蚂蚁的头上长有两根"天线"，每根"天线"由 11 个节组成，可以发出 11 种不同的信号，蚂蚁们靠"天线"的互相摩擦在数秒之内发出信号。这就是"蚂蚁王国"属于自己的高通信手段，并且以此来互相传递信息，这是它们的奥秘。

蚂蚁拥有大公无私的精神，是个完全的"利他主义者"。如果集体利益有危害的话，它们可以毫不犹豫地用自己的生命来保护，蚂蚁还习惯把食物送给其他挨饿的伙伴来吃。蚂蚁的体内有一个附属的胃，它们有多余食物的时

候会把食物暂存在里面，当遇到饥饿的伙伴的时候，它们会毫不犹豫奉献出来。几百米以外的蚂蚁可以靠气味来认路。它们有的对路上的天然气味很熟悉，所以不会迷路。它们还可以辨别颜色，能够辨别和记忆物象及天气等。蚂蚁内部还流行着一种有趣的殡葬习俗：一只蚂蚁死后，"送葬人"便把它抬到距蚁窝不远的墓地，挖出一个深 2～2.5 厘米的墓穴，将死者埋入。

蚜虫是一种为害农作物的害虫，有趣的是它们却受到蚂蚁的保护。当蚜虫受到瓢虫等天敌的袭击时，蚂蚁就会挺身而出帮蚜虫驱赶它们；如果蚜虫被大风吹到地上时，蚂蚁还会把蚜虫轻轻叼起来，再放到植物的茎叶上；有时候蚂蚁会把蚜虫带回巢穴中，养上一段时间再把它送回植物上去。

原来，蚜虫吸食作物的汁液除了滋养自己，还从肛门排出一种透明、黏稠、含有大量糖分的物质——蜜露，这种蜜露是蚂蚁的佳肴，蚂蚁为了吃蜜露，所以要保护蚜虫。

聪明的蚂蚁不仅懂得全心保护蚜虫，还懂得用触角不断地按摩蚜虫，促使蚜虫多分泌蜜露，然后将蜜露运回巢穴中去储存起来，以供享用。

更有趣的是，蚜虫在蚂蚁的按摩下竟能增加蜜露的分泌。这种互利的现象在生物学上称为"共生现象"。

令人奇怪的是，蚂蚁还会费大力气地修建"牧场"，来守护蚜虫，就像人类为了喝牛奶饲养奶牛一样。它们会在聚集大量蚜虫的枝条两端用黏土垒成土坝，土坝上各开一个缺口，蚂蚁们严格把守这个出入口，以防止外面蚂蚁的掠夺。有时"牧场"拥挤时，蚂蚁还会将部分蚜虫疏散到新的地方，而且，蚂蚁还把蚜虫的卵保存在蚁穴中越冬，倍加爱护。春天，小蚜虫孵化出来后，蚂蚁马上就会小心地送它们到嫩枝上去生活。

相对于地球上其他庞大的生物，神秘的蚂蚁王国虽然不太起眼，但是这里的诸多奥秘还是值得人们去发现。

萤火虫怎样猎食蜗牛

　　昆虫是一类丰富多彩的生物，它们吃什么也因种而异。大体说来，食物类型对于昆虫的分布起着决定性作用。据学者研究，在所有昆虫中，吃植物的约占48.2%；吃腐烂物品的约占17.3%；寄生性昆虫占2.4%；捕食性昆虫占28%；余下的则全是杂食性类型。相对而言，其中最有趣的要数捕食性昆虫了，这里且来谈谈萤火虫猎食蜗牛的例子。

　　大家知道，萤火虫是一种很美丽的昆虫，夏天夜晚，那星星点点的流萤，给夜空增添了几分宁静和神秘。在农村还有一种昆虫长得和萤火虫十分相似，它们叫"瓜守"，是为害黄瓜的大敌。有些农民不辨真伪，误认萤火虫就是瓜守，对它颇为生气。但实际上瓜守晚上不会发光，而萤火虫根本不吃植物，它们完全是两码事。那么，萤火虫最喜欢吃的又是什么呢？

　　一只蜗牛在水沟边杂草丛中缓慢地爬行，恰好与萤火虫碰上了，萤火虫会"亲密"地靠近蜗牛，用它那对纤细的颚片在蜗牛身上频频"亲吻"，这时蜗牛照样缓步前进，好像没有发生过什么，前额的触角依然伸得很长，但过不了多久，蜗牛就会停止蠕动，触角也垂挂下来，很明显，蜗牛已被麻醉了。

　　据昆虫学家观察，萤火虫攻击蜗牛的武器是它那细若毛发，尖似利钩的小颚。在接近蜗牛后它极其迅速地用小颚给蜗牛注入一种能使周身麻痹的毒液。这种毒液，甚至可使蜗牛麻痹达数天之久。有趣的是，这种毒液不但能使蜗牛失去知觉，还有一种召唤同类的作用，无论蜗牛个体大小，只要被一只萤火虫麻痹后，附近其他萤火虫好像接到"主人"发出的请柬似的，三三两两，不约而同地跑来聚餐。客人们轮番向蜗牛注入一种可以消化蜗牛肉的物质，使它变成流质。于是大家就用自己的吸收式口器畅饮起来，直到只剩下一个空壳才心满意足地离去。由于蜗牛是农作物害虫，作为除害能手的萤火虫，你看，人类能不为这"小精灵"记上一功吗？

飞蛾扑火的秘密

夏夜，如果在稻田、露天旷野或农村小屋点上一盏灯，就会有许多飞蛾和其他昆虫飞来。有的绕灯飞舞，有的直扑到火光上，葬身火海。

"飞蛾扑火"的方式五花八门，有的昆虫从远方直接飞来，毫不迟疑地扑向灯火；有的昆虫飞翔能力较小，经过几起几落才到达目的地；有的成群结队而来；有的七零八落，姗姗来迟。

蠓之类的双翅目昆虫，在灯火下飞舞得比较平稳。它们被灯光诱来后，在灯光四周16厘米的距离围成一圈，转来绕去，忽上忽下、时聚时散地飞个不停。天蛾、黏虫等昆虫被灯光诱来后，先绕灯转几个大圈，再停在较远的物体上休息一会儿，然后又开始绕灯盘旋。如果是盏油灯，它们便被火光烧毁双翅，落地而死。金龟子等大型甲虫向灯光飞来时，往往凭借身上坚硬的盔甲，横冲直撞，把灯罩或灯泡碰得叮当作响。有时它们被碰痛了，会垂落地上振翅旋转，直至精疲力竭而身亡。

这些昆虫是要引火烧身吗？不是的，飞蛾和其他一些昆虫之所以会扑火，完全是一种趋光性的表现。原来，飞蛾等昆虫是利用月光"导航"的"飞行家"。它们在夜间飞行的时候，总要让月光从一定的角度射到自己的眼里，才能摸准前进的方向。飞蛾等昆虫看到灯光时，常常错误地把它当成月光，用来辨别方向。由于灯光的强度和投射角度与月光大不一样，结果这些昆虫便神魂颠倒，变得糊里糊涂。只要它们飞得离灯光远一点，就会发觉投射方向不对头了，于是便匆忙转过身子，重新面对灯光，寻找正确的方向。这样翻来覆去，它们就绕着灯光打转转了。一旦这些昆虫飞近灯火，便像陷入了迷魂阵一样，即使忙得团团转，也无论如何飞不出来了。最后，它们常因体力不支而双翅扑火，一命呜呼。

人们从这里得到启发，制造了一种"诱虫灯"，在无月的夜晚置于田头，让一些农业害虫自投罗网，一举诱杀它们。

导弹专家也从飞蛾扑火中得到启示，研制成一种自动控制的远程导弹。这种导弹的头部安装了由光电仪器和望远镜组成的类似飞蛾那样的"眼睛"，选好航线后，让这"眼睛"以一定的角度对准一颗明亮的恒星。导弹发射后，就沿着预定的航线前进，"眼睛"始终与投射过来的星光保持着既定的角度。万一导弹偏离了航向，星光的投射角度就会随之而发生变化，这时"眼睛"中的光电仪器便会把这种偏差立即反映给导弹的"电脑"，由"电脑"计算出精确的角度，然后命令操纵舵修正航向，使导弹回到正确的航行轨道上来。

谁是昆虫中的飞行冠军

蜻蜓是昆虫中的飞行冠军，时速竟然可以达到40千米，而且脚上的尖刺就像匕首一样。它每天大约要捕食1000只像蚊子、苍蝇、蝴蝶这样的小虫。当蜻蜓发现小虫时，便猛冲过去，6只脚对准目标，同时合拢，小虫就被牢牢地装进"笼子"，成为蜻蜓的美餐。

蜻蜓在飞行前进时，不能灵活转变方向，要定住身体然后才能转向。如果有心，你会发现蜻蜓多半停留在枝头或叶顶，这是因为它们在休息时，翅膀仍旧外伸，也就是说，它们不会像鸟类那样折叠翅膀，所以停留的地方要有相当大的空间。

蜻蜓那长长的翅膀，平稳地支撑着身体，自由飞翔，风也不会吹得它们摇晃不定。这是为什么呢？原来，蜻蜓的每片翅膀前缘的上方都有一块漂亮的角质加厚部分，生物学上叫翅痣或翼眼，它起着飞行平稳的作用。人们根据这个启示，在飞机两翼上加上一块平衡重锤，这样就避免了飞机在高速飞行时，常因发生剧烈振动引起操纵失灵，甚至折断机翼的事故。

蜻蜓的复眼在昆虫界要算最大最多的了，占头部总面积的2/3，最多可达2.8万只，是一般昆虫的10倍，而且构造非常奇特：上部分看远处，下部分看近处。这样，它们在空中捕捉小虫时，便能得心应手，百发百中。科学家模仿蜻蜓眼睛的构造，制成了复眼照相机，一次就能拍出千百张相片来。

夏、秋季节，每当下雨之前或雨后初晴，常常可以看到五颜六色的蜻蜓在低空盘旋，一会儿疾飞，一会儿滑翔，一会儿又轻扇四翼停留在天空，一会儿在水面轻捷地"点水"，飞行技艺极其高超。蜻蜓变幻飘忽地飞行，还能预兆天气的阴晴。正常天气，蜻蜓常栖息在近水的树丛或芦苇中，较少出来。每当蜻蜓成群在低空飞舞时，预兆不久就有阴雨天。俗话说："蜻蜓飞得低，出门带蓑衣。"这是因为蜻蜓的主食是小昆虫。下雨前，空气湿度大，小昆虫翅翼潮湿，没法高飞。这时，正是蜻蜓捕食的好机会。

不同的蜻蜓会出现在不同的时间里，也预示着不同的天气。小暑前后，红蜻蜓成群飞舞在田野的低空，是不久将进入伏旱高温天气的征兆。立秋前后，黄蜻蜓成群地在田野低空盘旋，或者在水面"点水"，是不久将有一段阴雨连绵日子的迹象。

第二篇
昆虫的"衣食住行"

昆虫种类这么多，因此，它们的生活方式与生活场所必然是多种多样的，而且有些昆虫的生活方式和生活本能的表现也很有研究价值。昆虫同人类一样，也有自己的"衣食住行"，方式虽然各异，但这也同时显示了昆虫生活的多样性与趣味性。

昆虫的"衣"

　　如果从衣服的遮身护体功能来看，昆虫也身披有类似于衣服的东西，在此称之为昆虫的"衣"。有些昆虫的"衣"由虫体的构造物或排泄物制成，有些"衣"的材料是来自昆虫周边的环境，另一些则是二者兼而有之。

爱穿新衣的昆虫

　　昆虫的体壁是虫体内部器官和外界环境之间的保护性屏障。从外表来看，昆虫身体表面是由一块块以膜状物相连的骨板组成，仿佛穿了一件盔甲。这些骨板构成了昆虫的外骨骼。在外骨骼还未完全硬化之前，昆虫身体可以增大。外骨骼一经硬化后，昆虫的生长受到限制。昆虫自卵中孵出后，随着生长，幼虫要重新形成新表皮，将旧表皮脱掉，这个过程称为蜕皮，而脱下的旧表皮叫"蜕"。幼虫的生长与蜕皮周期性交替进行，每一次蜕皮后，都伴随着一次快速的个体增长，然后速度减缓，再蜕皮。若把所脱下的"蜕"看成一件"弃衣"，昆虫的一生中会脱掉多件或许多件"弃衣"。

　　在正常情况下，昆虫生长一个阶段后便蜕一次皮，其生长、发育程度可用蜕皮的次数来表示。从卵孵化到幼虫第一次蜕皮之前的阶段叫第一龄幼虫，经第二次蜕皮后的幼虫叫第二龄，以此类推，这就是虫龄的概念。在相邻的两次蜕皮之间所经历的时间，称为龄期。例如，某虫第一次蜕皮到第二次蜕皮经过 3 天，那么该虫 2 龄幼虫的龄期为 3 天。幼虫蜕皮后仍为幼虫的蜕皮叫生长蜕皮。幼虫蜕最后一次皮后变为蛹，老熟若虫蜕皮变为成虫，这种蜕皮叫变态蜕皮。

昆虫一生中的蜕皮次数随种类而异。多数有翅亚纲昆虫一生的蜕皮次数大都在 3～12 次，如直翅目和鳞翅目幼虫通常为 4～5 次，金龟甲为 3 次。双尾目的双尾虫和铗尾虫仅一次。多者如蜉蝣、石蝇等则蜕 20～30 次皮，衣鱼可多达 50～60 次。高等昆虫中仅幼虫蜕皮。唯有弹尾目昆虫和缨尾目的某些种类，成虫期仍可继续蜕皮。

同一种昆虫的蜕皮次数是相对稳定的。但是，蜕皮次数会随昆虫性别的不同，以及温度、食料等环境因素的变化而增加或减少。一般而言，雌虫比雄虫多蜕皮 1～2 次，如衣鱼、蝗虫、介壳虫等昆虫。在一定的温度范围内，随着温度的升高，蜕皮次数趋于减少，例如，大菜粉蝶在 14～15℃ 条件下蜕 5 次皮，而 22～27℃ 时蜕皮次数减少为 3 次。饥饿时，昆虫往往增加蜕皮次数，以抵抗不良环境，如皮蠹在饥饿条件下的蜕皮次数由 4 次增至 40 次，但是，过多的蜕皮会导致虫体越蜕越小。

蝴蝶与它的彩衣之谜

蝴蝶的体色取决于身体上的鳞片和毛。蝴蝶的美丽色彩和图案则主要归功于覆盖于蝶翅上的粉状物。看上去，蝴蝶仿佛穿了两件美丽的"彩衣"，可是，这件"彩衣"极为脆弱，用手指轻碰一下，翅上的粉状物随即脱落。事实上，粉状物为扁平囊状物，称之为鳞片，其基部有一小柄镶嵌在翅膜的凹窝内。每块鳞片是由一个称为鳞细胞的表皮细胞延伸而成。鳞片形状变化多端，呈毛状或叶状，有长有短，有细有宽，有的尖端还带有锯齿。鳞片一般有 150～200 微米长、30～100 微米宽。鳞片在翅面上的排列十分有规律，以特定间隔从翅基部到翅端部方向呈覆瓦状排列，每平方毫米分布有 200～600 块鳞片。鳞片可分为覆鳞和基鳞两种类型。覆鳞的基部有肩状凸起，而基鳞的基部无肩状凸起，呈钝圆形。覆鳞一般比基鳞长，并且完全覆盖住基鳞。覆鳞和基鳞在翅面上通常交替排列。每块鳞片都有其颜色。正是五颜六色的鳞片及其排列方式使蝴蝶有了五彩缤纷的颜色和美丽的图案。

鳞片的色彩显现可分为三类，即色素色、结构色和混合色。

色素色又称化学色，是因色素存在而产生。色素存在于鳞片的表皮中，它们能吸收某种光波，而反射其他光波，从而呈现特定的色彩。鳞片的色素主要有四类：黑色素、眼色素、蝶呤色素和黄酮化合物。黑色素是最常见的色素，主要形成黑色、褐色、黄褐色、红褐色等。眼色素是由色氨酸形成的红褐色素。蝶呤色素由尿酸形成，产生白色、黄色、金色。黄酮化合物主要是从植物中获取，使鳞片呈现黄色、红色等。粉蝶科的蝴蝶可分为白粉蝶和黄粉蝶两大类。白粉蝶的鳞片中所含色素仅能吸收紫外光，所以呈现白色；而黄粉蝶鳞片内的色素不仅能吸收紫外光，还可吸收蓝光和绿光，故鳞片呈黄色。

"彩衣"主要有三种功能：其一，能调节体温，气温升高时蝴蝶的鳞片会自动张开，改变太阳光照射的角度来散热。气温下降时鳞片会紧贴在身体表面，让阳光直射在鳞片上，吸收更多的太阳能。其二，有助于同伴之间的交流和求偶。例如，雄性闪蝶翅正面的明亮蓝色是一种远距离信号，在相距400米远处仍然可见。有几种黄粉蝶的雄性个体的鳞片能强烈反射紫外光。如尖钩粉蝶的覆鳞和基鳞都是黄色的，但是，只有覆鳞才能反射紫外光，紫外光有利于雄性黄粉蝶寻找到配偶。其三，"彩衣"具有防御功能，"彩衣"上的色彩和图案可起到伪装、威吓和警戒的作用，从而免遭天敌的捕食。例如，雄性闪蝶飞行时，蓝色若隐若现，不易被天敌发现；休息时，翅直立，翅反面的褐色和眼斑有利于伪装。

衣鱼和它的灰衫

缨尾目昆虫中，绝大多数种类全身覆盖有鳞片，故称为衣鱼。通常鳞片呈银灰色或白色，使虫体带有一种金属光泽，衣鱼好像穿了一件发亮的"灰衫"。鳞片的表面有许多平行的纵脊。但是，有些种类的鳞片为褐色，丛生分布，使虫体呈现斑驳色彩。

衣鱼是一类古老昆虫，在地球上已生存了 3 亿年左右。全世界约有 600 种衣鱼，其中我国已知约 20 种。常见的种类有西洋衣鱼、敏栉衣鱼等。衣鱼为原始无翅昆虫，多数腹节有成对的刺突和泡囊，尾须 3 根。衣鱼活动灵巧、畏光，生活在谷物、衣物、墙纸，特别是闲置很久或是无人翻动的书籍资料中。衣鱼从幼虫变成虫需要至少 4 个月的时间。衣鱼蜕皮 3～4 次后，身体上才有鳞片覆盖。进入成虫期后，衣鱼继续蜕皮，成虫寿命为 2～8 年。衣鱼体表的鳞片极易脱落，常见大量鳞片遗留在衣物纤维上。鳞片是衣鱼的一种逃生武器，可使其免遭天敌捕食。

甲虫与它的白长袍

东南亚有一种指尖大小的白色甲虫，白金龟属，其色泽比牙釉质和白纸更白、更明亮。白色在动物中不常见，因为物体必须能散射所有波长的可见光才会看上去是白色的。该白金龟覆盖有长形、扁平的超薄鳞片，这些鳞片具有独特的三维结构，从而使虫体呈现亮丽的白色，仿佛身披了一件洁白的"长袍"。

昆虫的明亮色彩通常归功于色素的大量沉积或排列整齐的构造。但是，白金龟的鲜亮白色十分独特，不同于蝴蝶身上那种零散的白色。

身披"白长袍"能给白金龟带来好处，

由于该虫生活在长满白色真菌的环境中，亮白的体色是一种保护色，使白金龟不易被天敌发现，从而免遭灭顶之灾。

避债蛾与它的蓑衣

蓑蛾又称避债蛾，属鳞翅目蓑蛾科，主要为害腊梅、梅花、蔷薇、月季、牡丹等园林植物。蓑蛾的一生要经过卵、幼虫、蛹和成虫4个时期。幼虫孵化后吐丝下垂，借风飘散，遇到寄主后即吐丝做囊，然后再黏附断枝、残叶、沙子、泥土或地衣等，把自己严密地裹在里面，这就是护囊。由于护囊很像农民用来遮挡风雨的"蓑衣"，所以，人们为它们取名叫蓑蛾。

护囊通常悬挂在某处，其内的幼虫头朝上方。护囊的顶端和尾端各有1个开口。取食或行走时，幼虫从顶端囊口伸出头部和胸部，咬食叶片或负囊移动。尾端囊口为排泄孔，比顶端囊口要小一些，排泄孔同时也是后来的成虫或新孵化幼虫的唯一出口。休息时，幼虫吐丝将顶端囊口的边缘固定在枝条或叶片上，躲在护囊里面。随着幼虫的不断长大，其"蓑衣"要逐渐加宽、加长。例如，螺纹蓑蛾幼虫期为2～3个月，改制"蓑衣"时，幼虫先将所需的枝条咬断，并将它们黏在一起，然后顺着护囊外旧枝条的方向将护囊壁咬开，把已备好的新枝条塞进去，最后，幼虫吐丝，将切口牢牢封死，这样，"蓑衣"的改造就完成了。在整个幼虫期，该虫要对"蓑衣"进行3次改造。

不同种类的蓑蛾，其护囊的形状、大小及构造有所不同。例如，大蓑蛾的护囊长40～60毫米，纺锤形，丝质疏松，囊外附缀有较大的碎叶片，有的还附有零散的枝梗。茶蓑蛾的护囊长25～30毫米，纺锤形，囊质紧密，幼虫进入4龄后囊外缀结有纵行平行排列的细小短梗。

幼虫在羽化前一直在护囊内生活。幼虫老熟后，吐丝封住顶端囊口，并将护囊固定悬挂在植物上，倒转身体，头朝下

方，在护囊里化蛹。雄蓑蛾有翅，羽化后从护囊的排泄孔爬出，离开"蓑衣"，四处飞行。雌蓑蛾无眼、无翅、无足、无触角，口器不发达，羽化后仍留居在护囊内。雄蛾从雌蛾护囊的排泄孔与雌蛾来完成交配。受精卵产在护囊内或留在雌蛾腹中。每一雌蛾产卵 100～200 粒，最多可达 3000 粒。卵在护囊内孵化。可见，雌蓑蛾终身生活在自己编织的"蓑衣"里，而雄蓑蛾只是进入成虫阶段才不穿"蓑衣"。

喜穿夹克衫的袋衣蛾

袋衣蛾的袋囊是由幼虫吐的丝和食物内的纤维编织而成的。袋囊没有背面和腹面之分，其两端都有开口。袋囊外面布满毛屑，而袋囊的内壁由柔软的白丝织成。幼虫可在袋囊内转身，能从两端取食而不改变袋的位置。幼虫一孵化，就开始编织"夹克衫"。幼虫穿上"夹克衫"后，不再脱掉，直至成虫羽化。随着虫体的长大，幼虫要多次将"夹克衫"改大。幼虫改织"夹克衫"的方式十分有趣。隐藏在袋囊内的幼虫沿袋囊的一侧，从袋口将袋囊咬破，直到中部，把新织好的三角布条塞进去；然后幼虫对袋囊的另一侧如法炮制；接着，幼虫在袋囊内掉转身体，再将袋囊另一半的两侧分别咬破，并塞进布条。连续多次地从袋囊的两端添加布条，袋囊就加长、加大了。觅食时，幼虫伸出头部和胸部，3 对胸足也露出袋囊外，而腹部的腹足则牢牢钩住袋囊的内壁，这样一来，幼虫就能携囊行走。一旦遇到危险，幼虫马上缩进袋囊内，可免遭天敌的攻击。幼虫老熟后，先把袋固定起来，将袋的一端封住，然后，在袋内化蛹。成虫长约 10 毫米，当光线微弱时，成虫在室内飞翔，将卵产于毛织物中。

国外还有一种家居袋衣蛾，跟我国的袋衣蛾很相似。家居袋衣蛾幼虫的食性更杂一些，常常以屋内的有机碎屑为食，如死的昆虫、蜘蛛网丝、真菌和其他有机物等。袋囊的结构和编织方式也有不同之处。家居袋衣蛾的袋囊更扁一些，袋口扎得更紧一些，袋囊常混杂有小的沙子或脏物。家居袋衣蛾幼虫改织袋囊时，先将狭条状的新材料添加到袋囊的两端，然后，沿袋囊的一侧，从一端的袋口咬破袋囊，咬一段，塞一些幼虫所吐的丝以及颗粒材料，一直到袋囊

另一端的袋口为止。对袋囊的另一侧，也采用相同的方法完成新材料的添加。

被石衣包裹的石蚕

在河湖或池塘的水底，常有一些用沙子或植物的碎枝条、碎叶子做成的小套子。这些套子随着季节的变化而变换颜色。秋冬是深暗色，春夏是鲜绿色。剪开小套子，即可发现一只虫子藏在其中。这种虫子名叫石蚕，俗称石头虫。石蚕是毛翅目昆虫的幼虫，其成虫称为石蛾。石蚕身体外的小套子，称为石鞘。全世界已知 1.2 万多种，我国记录 800 多种。其中，完须亚目昆虫的幼虫能携带石鞘，在水底爬行和觅食，幼虫看似穿了一件"石衣"。

这些幼虫在水中生活，具有 3 对发达的胸足，1 对臀足上有强臀钩。头部有吐丝器，跟蛾类和蝴蝶的幼虫很相似，上颚发达，主要以岩石上的藻类、水底植物和堆积在叶片上的有机碎屑为食。幼虫以上颚为"剪刀"，吐丝为"线"，量身裁剪，用小石头、沙粒、叶片、枝条、松针，以及蜗牛壳等材料编织"石衣"。幼虫一孵化，就开始营造石鞘。首先，幼虫快速营造一个不太结实的临时性石鞘，将几块材料粘在虫体腹部的周围，制成一个稀疏的筒状物，然后在筒状物的前方持续不断地黏附新的材料。临时性石鞘建成后，幼虫慢慢地对临时性石鞘进行加固和装修，直到永久性石鞘建成。幼虫给石鞘添置材料的过程通常包括 6 个步骤：寻找、搬运、裁剪、安装、吐丝黏着和加固。一个永久性石鞘需要 3~50 件材料，视种类而异。一旦永久性石鞘可以罩住整个虫体，石鞘内的幼虫掉转头，将位于石鞘的末端（即临时性石鞘）咬断，然后再掉回头。至此，整个石鞘的建造便大功告成。幼虫身披"石衣"，头部、胸部和胸足伸出石鞘，在水底寻找食物。受惊时，幼虫立即缩进石鞘内。随着幼虫的生长发育,幼虫还得在石鞘的前端黏附新的材料,将"石衣"改大,以适应虫体体积的增大。

幼虫老熟后,将石鞘口封住,藏在石鞘内化蛹,此时,石鞘成为茧。成虫羽化后,爬出石鞘,离开水面。石蚕通常生活在泉眼、湖泊和溪流中,偏爱较冷而无污染的水域,是显示水流污染程度的指示昆虫。石蛾又是许多鱼类的主要食物来源,在流水生态系统中的食物链中占据重要位置。

"石衣"主要有两个功能:一是在水中起固着身体的作用,以防被流水冲走;二是起伪装作用,石蚕不易被天敌发现。

有趣的泡泡衣

在野外草丛中,人们时常看见植物的叶片或茎秆上有一摊摊像唾沫似的泡沫。乍一看,以为是有的人不讲文明,到处乱吐口水。可是,用小草棍把那泡沫拨开,我们就会看到里面有一只小虫在蠕动。原来,这些泡沫是昆虫的杰作。泡沫里的小虫是沫蝉的若虫,又称吹泡虫,泡沫就是这些若虫的"泡泡衣"。

泡沫从何而来?沫蝉若虫腹部第7节和第8节表皮腺所分泌的黏性物质和肛门排出的液体相拌后,再与腹部末端吸入的空气混合,借助腹部蠕动产生的压力,产生小圆泡。表皮腺分泌物的作用在于提高泡沫的表面黏度,使泡沫更持久。腹部末端抬高或放平时,分泌口分别打开或关闭。沫蝉若虫在茎秆上歇息和取食时,其头朝向下方。小圆泡形成后,若虫将足伸到体背上,用足把小圆泡移到头部。腹部末端反复抬高和放平,所分泌的小圆泡叠加在一起,直至整个虫体被泡沫罩住,全过程需要 10~20 分钟。有的种类每分钟可产生 80 个小圆泡。一件"泡泡衣"可维持 1 周之久。若虫一般隐藏在自身分泌的一团泡沫中。一团泡沫中有 1 只或多只若虫。最后一次蜕皮后,沫蝉即离开泡

沫，四处活动。成虫不形成泡沫。沫蝉成虫体长一般仅为 4 ~ 7 毫米，背面隆起，矮胖的体型类似青蛙。成虫善跳，故名"蛙蝉"。沫蝉的若虫和成虫均从植物的木质部吸汁，与取食植物韧皮部的那些吸汁昆虫有所不同。由于木质部的功能是将根部的水分输送到茎和叶片，木质部汁液所含的养分缺乏，所以，沫蝉不得不大量取食，才能获取足够的营养。豆科植物上的沫蝉数量比较大，就是因为其木质部的氨基酸含量远大于其他植物。若虫大量吸汁后，更多的排泄物从肛门排出。可见，沫蝉若虫能为"泡泡衣"的生产提供足够的原材料。

"泡泡衣"的功能：①沫蝉若虫的体壁较薄，没有蜡质层。"泡泡衣"具有调控温湿度的作用，可防止若虫的水分大量散失。沫蝉成虫体壁的骨化程度很高，所以不需要泡沫护身。②泡沫能驱避捕食者，还可将小型昆虫牢牢地粘住。

蛾蜡蝉与它的羽绒服

在芒果、荔枝、龙眼、九里香等果树和园林景观植物的树干枝叶上，常发现有棉絮状白色蜡质物，走近一瞧，有的蜡质物还在移动，原来，白色绵絮状物下藏有小小的虫子，它们是蛾蜡蝉的若虫，这些若虫仿佛穿上了一件件厚厚的"羽绒衣"。蛾蜡蝉属同翅目蛾蜡蝉科昆虫，是蝉的近亲，如白蛾蜡蝉是我国常见种之一。蛾蜡蝉成虫和若虫都善于跳跃。成虫翅膀宽广，休息时前翅呈平贴状。若虫体长 8 毫米左右，白色稍扁平，身披白色棉絮状蜡粉，腹末截断状，有成束粗长蜡丝。有的乍看像一支小毛笔，有的则像孔雀开屏，还有的似一只小绵羊。随若虫的移动，蜡丝脱落，挂在树叶背面或树梢上。

蛾蜡蝉若虫身上的蜡质或蜡丝能遮掩它们的身体，是一种良好的伪装，能减少天敌侵袭或吞食，直到成虫阶段，这些蜡质物或蜡丝才会消失。

粉蚧与它的防水衣

粉蚧科昆虫是蚧壳虫的一大类型。虫体表面披白色或乳黄色蜡质覆盖物，酷似披了一件"防水衣"，故称粉蚧。粉蚧科全世界已知 1400 余种，其中很多

种类是热带和亚热带经济作物的重
要害虫，在温带也常为害温室栽培
植物。中国已知 107 种。

　　雌虫卵圆形，体态似若虫，无
翅，体壁较软，分节明显，身体表
面有蜡粉。腹部末端有 1 对长蜡
丝。跟其他蚧壳虫不同，粉蚧雌虫
有发达的足，能自由生活。雄虫有
1 对膜质前翅和 1 对平衡棒，腹部倒数第 2 节有 2 个管状腺，由此分泌出两条白
色细长并较坚韧的蜡丝。若虫有 3 龄，黄色至粉红色。取食后，即分泌白色蜡
粉，覆盖整个虫体。雌虫的一生有 5 个阶段：卵、1～3 龄若虫和成虫；雄虫的
一生有 7 个阶段：卵、1～3 龄若虫、预蛹、蛹和成虫，其中 3 龄若虫、预蛹和
蛹均在由 2 龄若虫织的丝茧内度过。在粉蚧发生的植株上，常常看见大量的蜡
质物覆盖在虫体上。蜡质物可有效防止虫体过热和失水，同时也成为阻隔杀虫
剂的物理屏障。

负子蝽与它的亲子衣

　　在池塘、河渠、水库等水域中，可发现有的水生昆虫的背面驮着一个个像
小馒头似的球体，且很有规律地紧密排列着。这是什么昆虫呢？原来是一头雄
性负子蝽正背负着雌性负子蝽所产下的卵块，看似披了一件"亲子衣"。负子
蝽属半翅目负蝽科昆虫，其中，负蝽亚科种类的雌虫将卵产在雄虫背上，故名
负子蝽。本科全世界已知 143 种，广泛分布，我国有 7 种。负子蝽的前足为捕
捉足，中、后足为游泳足，腹部末端的呼吸管短而扁。它们多生活在静水中，
常附着在水草上静候猎物，捕食凶猛，能捕食水生生物（如小鱼、小虾、小蝌
蚪等）。

　　负子蝽雌虫与雄虫交配，由此获得雄虫的信任，然后将卵产在雄虫体背上，
每次产下 1～4 粒卵。接着，又开始新的一轮交配和产卵，直至 100 多粒卵全部

产于雄虫体背上。所以，负子蝽"父母"在完成产卵任务期间，一共需要交配30多次。雌虫所产下的卵均牢固地黏在雄虫体背上，排列非常整齐。最后，雄虫就驮着卵在水中生活，承担起照顾卵的责任。已驮满卵的雄虫不再跟雌虫交配，一直到所有的卵孵化为止。雄性负子蝽可算是动物界中"好爸爸"的典范。

负子蝽雄虫驮卵是一种父方投资，对后代的健康成长具有重要的意义。一旦碰到危险，雄虫会赶紧躲到水里，使卵免遭捕食。雄虫定期浮出水面，用腹部末端翅下的气泡来携带氧气，同时也让卵能够从空气中获得氧气，进行正常呼吸。此外，雄虫还用足给体背上的卵浇水，这样一来，卵能同时获得充分的供氧和理想的湿度环境，其孵化率大大提高。如果卵长期被水淹，卵就会因缺氧或真菌感染不能孵化。如果卵长期暴露在空气中，过度失水会导致孵化率降低。

草蛉与它的迷彩衣

蚜狮是指草蛉的幼虫。一只草蛉幼虫在整个幼虫期所消灭的蚜虫多达七八百只以上，故名蚜狮。草蛉属脉翅目草蛉科昆虫，全世界约1400种，我国120余种。草蛉属全变态昆虫，幼虫和成虫均为捕食性，主要捕食蚜虫、螨类、蚧壳虫，以及鳞翅目和鞘翅目昆虫的卵和幼虫。

蚜狮体呈纺锤状，胸足发达，行动敏捷，食量大，性凶猛，有自相残杀的习性。捕食时，蚜狮用口器钳住猎物并刺入体内，注入消化液，然后吸取猎物体液为食，猎物最后只剩下一张空壳。由于蚜狮的直肠与消化道不相通，故它们在整个幼虫期只取食不排粪。有趣的是，有的种类如亚非草蛉等，取食完毕后，蚜狮还用发达的上下颚将猎物的残骸抛到体背上，有时连枝叶碎片也被驮在背上。尸体或植物残骸靠蚜狮背面的短而硬的毛所固定下来。这样，蚜狮好像被一件"迷彩衣"罩住，从背面很难看清蚜狮的身体，从侧面才能见到它全身的庐山真面目。蚜狮身着"迷彩衣"，不停地行走、觅食。不同种类的蚜狮所编织的"迷彩衣"在结构和材质方面有一定的差异。

蚜狮的"迷彩衣"主要起伪装作用：一方面，捕食猎物时，蚜狮不易被猎物发现；另一方面，"迷彩衣"可迷惑蚜狮的天敌，从而使蚜狮免遭攻击。

龟甲与它的金钟罩

龟甲隶属鞘翅目龟甲科，成虫色艳，有强光泽，体背隆起，形似小龟，故名龟甲。全世界记载6000余种，主要分布于热带、亚热带地区。我国已知160多种。

龟甲成虫和幼虫均取食植物叶片。龟甲幼虫有一个奇特的习性，那就是用自己的粪便和蜕织成了一件精美的"罩衫"，称为粪罩。幼虫身披"罩衫"，行走觅食。"罩衫"的织成得益于幼虫的特殊装备。幼虫腹部的末端有1对叉状物，称为尾叉。幼虫的粪便堆积在尾叉上。幼虫蜕皮后，其蜕仍挂在尾叉上。由于腹部末端朝背前方弯曲，这些堆积的粪便和蜕就覆盖在虫体的背面。幼虫一孵化，就开始制造粪罩。幼虫脱完皮后，旧的粪罩也不扔掉，仍然堆积在虫体身上。随着幼虫的生长，粪罩愈来愈大、愈来愈密。最后，化蛹也在粪罩下进行。

粪罩的形状、大小随种类而异。粪罩一般为软膏状，有些种类的粪罩较硬，如龟甲幼虫所排出的粪便呈卷曲的绳缆状，堆积在虫体身上，形成特有的结缕型粪罩。有的粪罩能将虫体全部覆盖，有的则呈狭带状。

粪罩是一种防御武器，能有效地对付部分捕食性天敌的攻击。粪罩看似一堆鸟粪或没有价值的东西，可起到伪装的作用。不仅如此，幼虫通过扭动腹部末端，尾叉转动，调整粪罩的方向，使粪罩朝向蚂蚁等捕食性天敌。粪罩中所含的某些化学物质可能对天敌有驱避作用，或者阻止天敌的取食。

昆虫的"食"

食物对昆虫的生活和分布起着决定性的作用。昆虫的食性是指昆虫取食的习性。昆虫多样性的产生跟昆虫食性的多样性有密切关系。

食性多元化的昆虫

不同种类的昆虫对自己的食料有明显的选择性和适应性。即使是多种昆虫选择了同一种食物，由于生活史的相互错位、取食部位不同、所取食的食物的发育阶段不同、索取的营养不同、嗜好不同，彼此之间争夺食物的现象很少发生，它们各取所需，相安无事。

昆虫食性的类型

（1）按食物性质划分。根据昆虫所取食的食物性质，昆虫食性可分为植食性、肉食性、腐食性和杂食性。

植食性是指以植物的活体为食的食性。取食方法和取食部位随植食性昆虫的种类而异。有的昆虫取食植物组织，有的取食汁液。有的吃叶，有的蛀茎，有的咬根，有的吃花朵和种子。有些昆虫可在植物的多个部位上取食。因此，在同一种植物上可以有几种到几十种，甚至几百种昆虫。

肉食性是指以动物的活体为食的食性，包括捕食性和寄生性。两类天敌昆虫的主要区别体现在五个方面：其一，捕食性天敌昆虫身体一般比猎物大，而寄生性天敌昆虫比寄主小。其二，捕食性天敌昆虫通常需捕食许多只猎物才能完成个体发育，而寄生性天敌昆虫只需寄生于1头寄主内，即可完成个体发育。其三，捕食性天敌昆虫可使猎物立即致死，而寄生性天敌昆虫需经过一段时间才能使寄主致死。其四，捕食性天敌昆虫在捕食时可自由活动，而寄生性天敌昆虫在寄生时不离开寄主的身体。最后，捕食性天敌昆虫成虫和幼虫的食物（猎物）一般是相同的，如螳螂；而寄生性天敌昆虫成虫和幼虫的食物一般不相同，成虫取食花蜜、蜜露等食物，如膜翅目的寄生蜂和双翅目的寄生蝇类。

腐食性是指以动物的尸体、粪便或腐败植物为食料，如埋葬虫、舍蝇等。

杂食性昆虫则兼食动物、植物等，如蜚蠊。

（2）按食物范围划分。根据昆虫食物的范围，可将食性分为单食性、寡食性和多食性。单食性昆虫只以某一种植物为食料，如豌豆象仅为害豌豆。寡食性昆虫以1个科或少数近缘科植物为食料，如菜粉蝶取食十字花科植物。多食性昆虫能以多个科的植物为食，如棉铃虫可取食茄科、豆科、十字花科、锦葵科等30个科200种以上的植物。即使像棉铃虫这样的多食性害虫，对食物仍有一定的选择性。在所有寄主植物中，棉铃虫最喜欢吃的是锦葵科、茄科和豆科植物。

人工饲料

人工饲料指昆虫所取食的不是天然食物。人工饲料的成分是根据不同昆虫生长发育所需营养物质配合而成，由糖类、蛋白质、脂肪、维生素、无机盐、填充剂以及防腐剂构成。如果某些成分无法人工合成或者生产成本太高，只能用含有这些成分的天然食物组分，此类人工饲料称为半人工饲料。随着昆虫生理、昆虫毒理、昆虫病理、辐射不育、化学不育、天敌释放等害虫防治新技术的研究与实施，需要供应亿万只生理标准相同的试虫，人工饲料的研究与应用得到了迅猛发展。人工饲料现已成为昆虫学研究及害虫防治新技术的基本技术之一。迄今为止，国内外已研制出了许多昆虫的人工饲料或半人工饲料，如棉铃虫、烟草天蛾、斜纹夜蛾、三化螟、马铃薯叶甲、瓢虫等。

食性的可塑性

昆虫的食性虽有其稳定性，但也有一定的可塑性。在食料改变和缺乏正常食物时，昆虫的食性可被迫改变。如烟草天蛾1龄幼虫是多食性的，能取食多种植物，老龄幼虫以此为依据发展成为寡食性。如果以人工饲料来饲养，幼虫能保持 1 龄幼虫的特点，继续取食白菜和车前草等非寄主植物，原本嗜食茄科植物的寡食性丧失殆尽。

昆虫食性的可塑程度随种类而异。例如，将在正常情况下以十字花科植物为食的小菜蛾初孵幼虫放在人工饲料上饲养，它们能正常取食和生长发育；但是，如果让这些幼虫吃了含有芥子苷（十字花科植物的含有物）的人工饲料，它们就不愿再吃原来的人工饲料了。

昆虫不同种类的口器

由于昆虫的食物多种多样，各类昆虫食性和取食方式不同，口器的外形和构造也发生不同的变化，形成不同类型的口器。

咀嚼式口器

咀嚼式口器是最基本、最原始的类型，其他类型的口器都是由这种类型演变而来的。咀嚼式口器是用来取食固体食物的，主要由上唇、1 对上颚、1 对下颚、下唇和舌 5 个部分组成。上颚的前端有锋利的齿，用来切断食物；它的后部有一粗糙面，用来磨碎食物。下颚协助上颚取食，可握持、撕碎和推进食物。上唇和下唇可关住、托持切碎的食物。下颚和下唇还分别有 1 对下颚须和 1 对下唇须，具有触觉、嗅觉和味觉的功能。在口器中央还有能帮助运送和吞咽食物，同时又能品尝食物是否鲜美可口的舌，具有味觉的作用。蝗虫的口器是咀嚼式口器的代表，此外，鞘翅目的成虫和幼虫、脉翅目成虫及膜翅目多数成虫的口器也均为咀嚼式。

刺吸式口器

吸食动物血液和植物汁液昆虫的口器就像一个空心的注射针头，取食时把针状的口器插到动植物的组织内吸食其中的汁液，这种口器称为刺吸式口器。刺吸式口器的构造很巧妙，上颚和下颚的一部分演变成细长的坚硬口针。下唇延长成管状分节的喙，其背面中央有一凹陷的纵沟，用来包藏口针。下唇和舌以及下颚须和下唇须退化或消失。其内部还有专门的抽吸构造——食道唧筒。

蚊虫、蝉、椿象及蚜虫等昆虫的口器就是刺吸式口器。有些昆虫在取食过程中还常伴随着传播疾病，使动植物感染流行病，如蚜虫等同翅目昆虫传播植物病毒病，蚊虫传播疟疾等传染病。

锉吸式口器

这类口器是一种特殊的刺吸式口器。上唇和下唇合成一个短小的喙，内藏舌：左上颚口针和下颚口针，其右上颚已退化或消失。取食时，先以上颚口针锉破寄主表皮，待汁液流出后再吸入消化道内。锉吸式口器为蓟马类昆虫所特有，能吸食植物汁液或软体昆虫的体液，少数种类也能吸食人的血液。

虹吸式口器

虹吸式口器是蝴蝶和蛾类特有的口器，外观上看是一条能卷曲和伸展的长喙，像一根中间空心的钟表发条，用时能伸开，不用时就盘卷起来。这条喙是由左右下颚的外颚叶构成，每个外颚叶的横切面呈弯月形，两外颚叶合在一起形成喙中间的食物道。此外，还可看到一对发达的下唇须，它把卷曲的喙夹在中间。这种构造极适于吸食花蜜、水，甚至还可以用于吸食腐烂的动植物汁液或已成熟的果实。

舐吸式口器

此类口器适于舐吸食物和液体，为双翅目蝇类所特有。它的口器在外观上可见到一个粗短的喙，喙是由下唇特化而来的，上颚和下颚都已经退化。喙的末端是两个椭圆形唇瓣。唇瓣上有一系列环沟，环沟集中到中央的缺口上，缺口附近的环沟间有齿。取食时，唇瓣展开平贴在食物上，使环沟的空隙与食物接触，液体食物顺环沟流往前口，然后进入食物道。唇瓣也可向后翻转，使环沟间的齿外露，刺刮固体食物，随后食物碎粒和液体一起被吸入。

嚼吸式口器

嚼吸式口器既能咀嚼固体食物又能吮吸液体食物，为一部分高等膜翅目昆虫（如蜜蜂）所特有。它的上颚与咀嚼式口器相仿，用以咀嚼花粉和筑巢等。它的下颚和下唇组成吮吸用的喙。蜜蜂的喙仅在吸食花蜜等液体时，才由下颚和下唇合并而成，不用时则分开，并折叠在头下。这时，上颚即可发挥咀嚼作用。

某些幼虫的口器

鳞翅目幼虫的口器属于变异的咀嚼式口器。其上唇和上颚与一般咀嚼式口器相似，但下颚、下唇和舌愈合成为复合体，两侧为下颚，中央为下唇和舌，顶端具有一个突出的部分为吐丝器，其末端的开口即为下唇腺转化而成的丝腺开口，可吐丝结茧。上唇前缘中央有深的缺刻，用以把持食物。膜翅目叶蜂类幼虫的口器与鳞翅目幼虫基本相似，但复合体中央无突出的吐丝器。

脉翅目幼虫的口器为双刺吸式口器。上颚呈镰刀状，其内缘有一纵沟。下颚的外颚叶呈细镰刀状，并嵌合于上颚的纵沟上组成食物道，这样，合成一左一右的刺吸构造。捕食时，将由上、下颚合成的刺吸器刺入猎物体内，借口唧筒抽吸作用将液体食物吸入肠内。

蝇类幼虫的口器称为刮吸式口器。蝇蛆头部完全退化，缩入前胸内。口器也完全退化，只能见到一对口钩，用来刮破食物，然后吸收汁液及固体碎屑。口钩往里是口咽骨，再往里是咽骨。由口钩、口咽骨和咽骨3部分组成头咽骨。人们可以根据头咽骨的发育变化，来区分蝇类幼虫的龄期。

寄生蜂的早期幼虫口器发育不全，可通过其体壁从寄主血淋巴中吸收营养，来完成发育。

昆虫的消化系统

食性与消化道

昆虫的消化道因食性的不同而变异很大。昆虫消化道的构造与食物形态有一定的关联性。取食固体食物的昆虫，它们的消化道一般比较短粗，前胃外面包有强壮的肌肉层，内面常具有齿状或板状的表皮突起，有磨碎食物及调节食物进入中肠的功能。取食汁液的昆虫常无前胃，整个消化道比较长，前肠前端及口前腔的食窦部分或咽喉部分常特化为强有力的吸泵，如食窦唧筒和咽喉唧筒。另外，植食性昆虫的消化道比较复杂，而肉食性昆虫往往拥有构造简单的消化道。

食物消化的方式

（1）肠内消化。昆虫消化食物主要发生在中肠内，糖类、蛋白质和脂类分解为小分子化合物后才能被吸收利用。在某些昆虫中，肠道内的共生菌也参与部分消化作用。

昆虫一般不能吸收食物中的多糖和双糖，只有分解为单糖后才能吸收利用。淀粉和纤维素可在多种酶的作用下逐渐分解为单糖。水解淀粉主要依靠淀粉酶。消化纤维素是在两种酶的作用下完成的，一种是裂解纤维素为纤维素二糖的纤维素酶；另一种是裂解纤维素二糖为葡萄糖的半纤维素酶，这些酶由昆虫直接产生或由肠内微生物提供。蛀食木材的昆虫具有多种适应性的消化方式，例如，粉蠹科昆虫没有纤维素酶，不能消化细胞壁，只能取食细胞内含物；小蠹科昆虫也没有纤维素酶，但有半纤维素酶，因此能取食半纤维素、戊糖混合物、六聚糖和多糖；窃蠹科和天牛科幼虫具有纤维素酶，能同时取食含植物纤维素的细胞壁和内含物。

进入消化道的蛋白质被分割成蛋白肽和多肽后，才能被昆虫的肠壁细胞吸收。蛋白质的消化依靠唾液与消化液中的肽链内切酶，这些酶与哺乳动物的胰蛋白酶和胰凝乳蛋白酶极为相似，通常称为类胰蛋白酶。有些昆虫能消化惰性动物蛋白，如食毛目、皮蠹科和谷蛾科昆虫的某些幼虫就能依靠角蛋白酶消化毛发和羽毛中的角蛋白化合物。

很多昆虫消化食物内的酯和脂肪酸时，其肠道内的共生菌往往会发挥重要作用。但是，为害蜜蜂蜂巢的大蜡螟与小蜡螟比较特别，它们的幼虫能消化含有脂、脂肪酸和烃类的蜂蜡。

（2）肠外消化。昆虫在取食前先将唾液或消化液注入寄主组织内，当寄主组织溶解后，再吸回肠内的过程，称为肠外消化。肠外消化常见于具刺吸式口器和肉食性的昆虫中。

吸食植物汁液的昆虫，依靠唾液中的多种酶类，进行肠外消化。例如，植食性半翅目昆虫的唾液中含有低聚糖酶，食物中的低聚糖经初步消化后才进入中肠内。吮吸韧皮部汁液的昆虫的唾液中含有糖酶；取食叶肉和种子的则含有蛋白酶和酯酶。

有些捕食性昆虫也采用肠外消化食物。例如，龙虱幼虫以小鱼、蝌蚪等动物为食，上颚也没有嚼碎食物的功能，也没有唾液腺，在捕到猎物后将肠内的消化液经过食道和上颚内的管道注入猎物体内。如果猎物是透明的昆虫，就可看到一股黑色的液体由龙虱幼虫的上颚尖端进入虫体，很快分散到各器官之间，猎物立即死亡，其内部的组织很快被溶化成液体，再经上颚管道吸回龙虱幼虫肠内。龙虱幼虫只需 10 分钟，可将一头 12 毫米长的毛翅目幼虫内的组织溶化吸空。另一个例子是脉翅目幼虫，它们用双刺吸式口器刺入猎物体内，接着将消化液经食物道注入猎物体内，进行肠外消化，然后把猎物举起，使消化好的物质流入口腔，猎物只剩下一层躯壳。采用肠外消化方式的类群还包括蚁蛉、食蚜蝇、萤甲、步甲和虎甲等昆虫的幼虫。

昆虫的食量

昆虫的食量随种类而异。有的昆虫比较贪吃，昼夜进食，所吃的食物大大超过它的体重。例如，草原上有一种螟蛾，体重仅 0.025 克。到夏季快结束时，它的子孙后代一共吃掉 9 吨重的青饲料，相当于 3 头母牛 1 年所需的饲料，而这些子孙的体重加起来有 225 千克。有些昆虫的食量比较小，如一粒米或一粒豆可使一只米象或豆象完成从卵、幼虫、蛹到成虫的全过程所需的食物。

昆虫幼虫的食量一般随着虫龄的增大而增多。有的昆虫在幼虫期某一阶段食量突然大增，出现大量取食的现象，称为暴食性。例如，黏虫的低龄幼虫食量很小，1 ~ 2 龄食量仅为整个幼虫期食量的 0.4% ~ 0.6%，3 龄为 1% ~ 2%，4 龄为 2% ~ 3%，而 5 ~ 6 龄为暴食期，食量占 90% ~ 95%。家蚕幼虫期为 26

天，在此期间一头蚕累计吃掉 25 克桑叶，其中最后几天所吃的桑叶量是前 3 周取食量总和的 2 倍多。

昆虫的食量受食物的影响很大，主要体现在两个方面：其一是食物中的营养物能否满足昆虫的需求；其二是食物中是否含有刺激或抑制昆虫取食的化合物。众所周知，蔗糖可刺激很多昆虫取食。对植食性昆虫而言，寄主植物中氮的含量是最关键的而且常常是主要限制因子。大多数昆虫在寄主植物含氮量降低时，其取食量增加，如夜蛾幼虫在取食低含氮量的水浮莲时，其食量可以增加 3 倍。对于食性专一的昆虫，其食量往往受寄主植物中特有化合物的影响，如十字花科植物中的芥子苷对几种寡食性昆虫的取食起刺激作用。

昆虫不同一般的取食活动

白蚁的交哺行为

交哺是指白蚁群体内不同成员之间相互传递食物或其他液体的现象。交哺可分为两种类型：一种为口部交哺，是指口对口的交哺；另一种为原肛交哺，指的是口对肛门的交哺。在白蚁的交哺过程中，交哺行为的开始和终结均由被饲喂者决定。

白蚁为何进行交哺呢？白蚁交哺有三个目的：其一是为了喂养没有取食能力的白蚁品级；其二是传递肠内的微生物；其三是调节白蚁品级。在白蚁群体中，平常是由工蚁担任食物采集供应者。食物先由工蚁摄入、咬碎和吞入消化道内，已部分消化或完全消化的食物再从口中吐出或由肛门排出，喂给不能自

行取食的幼蚁、兵蚁、蚁王及蚁后。低等白蚁在消化食物的过程中，需要有肠内的原生动物和细菌的共同参与。但是，蚁群内新成员的肠道内没有这些必需的共生物，而且刚蜕皮的个体也没有肠道共生物。所以，这些成员必须通过原肛交哺来获得肠道共生物。体内仍拥有肠道共生物的那些工蚁从肛门排出食物，作为肛饲物来饲喂它们，由于肛饲物中含有肠道共生物，这样一来，被饲喂的白蚁就得到了所需要的肠道共生物。白蚁蚁后能分泌特殊的化学物质，在交哺的过程中，这些物质在蚁群内其他成员之间进行传递，起到通信的作用，由此，蚁后能掌控蚁群内所有成员的行为和活动。

交哺现象在白蚁中是非常普遍的，尤其是原肛交哺。我们人类可以利用白蚁的交哺行为来对付那些有害的白蚁。将白蚁喜欢吃的食料与无驱避作用、毒性较慢的杀虫剂混合，作为毒饵，撒在白蚁的巢穴内，毒饵便在蚁群中传播，最后蚁群中的绝大多数个体被消灭掉。

蚂蚁的饲喂行为

蚂蚁也采用交哺方式传递食物，但是，蚂蚁只进行口部交哺。年轻的工蚁照看幼虫和蛹；中年的工蚁负责修巢、搬运食物和处理废物；只有年长的工蚁离巢觅食。觅食工蚁将采集到的液体食物储存在体内的嗉囊中。嗉囊内的这些食物为蚁群中的其他成员所共享。当觅食工蚁返巢后，想吃东西的蚂蚁用触角敲打它的头部，于是，两只蚂蚁进行口部交哺。觅食工蚁将一滴液体从嗉囊转移到口部，然后再递送到被饲喂者的口中。口部交哺使食物在蚁群中迅速传递。

蚂蚁成虫的食道非常细，且前胃的开口很小，已被嚼碎的食物颗粒无法进入成虫的胃中，所以，成虫只能以液体食物为食。包括蚁后在内的所有成年蚂蚁均靠口部交哺来获取食物。年幼的幼蚁也是依赖饲喂液体食物才能活下来。年长的幼蚁则可以消化固体食物。觅食工蚁把采集到的固体食物嚼碎后，传递给年长的幼蚁，固体食物经消化后成为液体状，然后，年长的幼蚁再吐出液体食物，饲喂巢内的成年蚂蚁。时常看见，成年蚂蚁将幼蚁从一个地方搬运到另一个地方，这就是蚂蚁世界的奇特景观，蚂蚁扛着它们的"胃"到处跑。

蜜蜂的饲喂行为

蜜蜂为社会性昆虫，各成员之间分工非常明确。采集蜂蜜、花粉、蜂胶、水等工作，侦察蜜源和防御敌害的任务是由年龄为 21~35 天的工蜂来完成的。觅食工蜂从植物的花中采食含水量约为 80% 的花蜜或分泌物，存入自己的嗉囊中，在体内转化酶的作用下进行 30 分钟的发酵。返巢后，觅食工蜂将嗉囊中的食物吐出，传递给巢内较年幼的工蜂。巢内工蜂再将食物转移到巢房中，与此同时，巢内工蜂还添加了由自己体内的咽下腺所分泌的酶，该酶能将食物内的蔗糖转化成果糖和葡萄糖。然后，工蜂向这些巢房振动翅膀，让水分蒸发。当蜂蜜装满巢房，且含水量约为 17% 时，再用蜂蜡密封。这样，酿造好的蜂蜜可长期保存，成为蜜蜂的备用食物，或者被人类采收。觅食工蜂采回的花粉则直接存放在相应的巢房中。

蜂群内其他成员基本上是靠工蜂的口部交哺来获得食物。自孵化起，蜂王的一生中，均靠工蜂饲喂蜂王浆。蜂王浆由幼龄工蜂头部的咽下腺分泌，富含泛酸及其他维生素。工蜂和雄蜂在幼虫期的头 3 天，由工蜂饲喂蜂王浆，从第 4 天起，改喂花粉和蜂蜜混合而成的食料，直至老熟化蛹。雄蜂消耗饲料量很大，其幼虫期的食量为工蜂的 1~2 倍，雄性成蜂消耗饲料量更大，平时多在蜂巢内采食蜂蜜，繁殖季节会得到工蜂的喂饲。当秋季外界蜜源期终止时，雄蜂被驱逐出巢，最后冻饿而死。

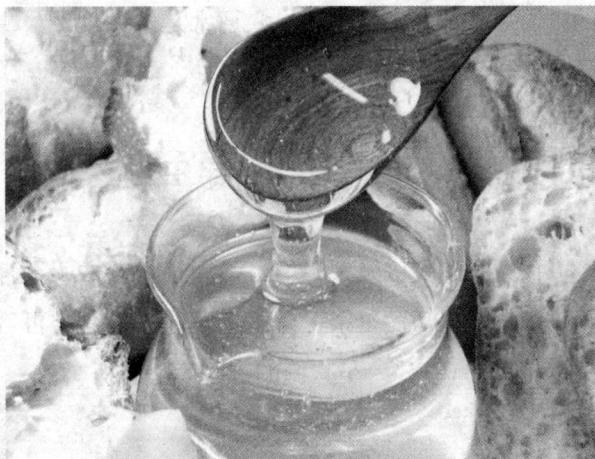

昆虫的"住"

　　绝大部分的昆虫都是居无定所，过着风餐露宿、日晒雨淋的生活。但是，有些昆虫能营巢为家。巢穴的大小随昆虫种类而异。有的巢穴复杂而坚固，有的则简单、朴素。昆虫的巢穴通常是永久性的，少数为临时性的巢穴。巢穴让昆虫享受着既舒适又安全的生活。

昆虫的"巢"

　　白蚁、蚂蚁以及蜜蜂等蜂类均具有营造永久性巢穴的习性。所建巢穴坚固耐用，构造精巧而复杂，有的巢穴非常庞大，可容纳上千万只个体。巢穴成为这些昆虫的"家"，是它们的主要活动场所。

白蚁巢

　　白蚁喜温怕寒、喜干怕湿、喜暗畏光。除有翅成虫出巢飞翔交配外，白蚁的其他活动均在黑暗的蚁巢中进行。蚁巢是白蚁集中生活的大本营，但群体活动的范围可以扩展到巢外相当远的地方。营巢的地点、巢穴的结构和大小因种类而异。

　　1. 白蚁巢的类型

　　按建巢的地点，可分为三类，即木栖巢、土栖巢和土木栖巢。

　　木栖巢：为比较原始的木白蚁科和原始白蚁科白蚁的巢穴。巢穴建在房屋的建筑木材中、活树的枝干中或原始森林的地上朽木中。这类白蚁与土壤不接触，群体不大。蚁巢结构简单，常由一个明显而不规则的隧道和巢室系统组成。巢穴的隐蔽性很好，人们难以发现。巢穴既可作为卧室，又可作为储藏室。蚁王很小，四处活动。

土栖巢：是土栖白蚁的巢穴，巢建于土壤中。土栖白蚁为害农林作物和土质水利工程，也会窜入附近的建筑物为害。它们的巢穴结构复杂。有的种类建巢于离地面 1～2 米的土中，称为地下巢，而突出地面的蚁丘称为地上巢。有的蚁丘突出地面几十厘米，但有的土垅巢可高达数米，被称为蚁塔。蚁丘外层有很厚的掩护物，很像人类的混凝土结构。我国最常见的黑翅土白蚁、黄翅大白蚁等均属土栖白蚁。

土木栖巢：蚁巢建在各种材料中。巢穴的形状随巢穴所处的环境而异。既可筑巢于土壤或砖墙空隙中，也可筑巢于木材或活树的树根和树干中；或者兼而有之，即一个巢群的白蚁，一部分在地下土中，一部分在木材中。筑于木材中的巢仍有蚁路与土壤相连。栖息场所和取食场所有时一致，有时不一致，但较为接近。这类白蚁的巢群复杂，巢穴结构固定，个体数量多。不论其位置如何，巢体和土壤、木材都有着直接联系。这类白蚁以台湾乳白蚁和散白蚁最具代表性。

2. 白蚁巢的结构特征

除低等白蚁外，白蚁都会建造复杂的中、大型蚁巢。筑巢材料包括木屑、叶片、草料及土粒，此外还夹杂有白蚁排出的粪粒、分泌的唾液及白蚁尸体。蚁巢由蚁群中的工蚁建造。蚁巢结构严密，有主巢与副巢之分。主巢呈蜂窝状，中央有"王宫"，蚁后深居其内，永不出宫。主、副巢之间有主道相通。巢的四周有多条暗道和蚁路，纵横交错，通向四面八方，远的可达百米之外，这是它们的取食运输线。此外，它们还筑有伸向水源的吸水线，由为数不少的工蚁负责运水。这些运水白蚁能

从地下 50 米或更深的地方把水带到蚁巢中来。

白蚁是天生的杰出建筑师。在环境气温变化很大的情况下（如白天气温高达 50℃，夜间气温降到 0℃以下），巢内的温度却能始终保持在 25℃左右。巢内温度和湿度的调节依赖于蚁巢的外壳、白蚁自身的活动和菌圃的代谢作用。白蚁巢的外壳厚实而坚固，外壁可厚达半米，几乎可使巢内环境与外界条件相隔绝。巢内有很多可供气体流动的通风管道，空气可自上而下流入地下各室。蚁巢内的湿度是靠专职的运水白蚁来调节。白蚁的新陈代谢产生热量，为蚁巢提供了可靠的内热来源。在筑有菌圃的白蚁巢中，菌圃的代谢活动也能起到调节温湿度的作用。

3. 代表性白蚁的巢穴

（1）堆沙白蚁的巢穴。堆沙白蚁为纯粹的木栖型白蚁，其兵蚁的头呈栓状。分群后，一对脱翅成虫钻入木质部，创建群体，其取食、活动基本与土壤没有联系，不筑外露蚁路，不需要从外部获得水源。除蛀蚀室内木构件外，堆沙白蚁也常蛀食林木和果树。蚁巢无固定形式，隧道不规则，蛀食处就是居所。群体由数十只至数百只所组成，没有工蚁，工蚁的职能由若蚁完成。粪粒呈六边体，看似沙粒状。粪便从被蛀物表面的小孔推出，落地后堆成沙堆状，这就是堆沙白蚁名称的由来，也是这类白蚁危害的标志。

（2）黑翅土白蚁的巢穴。其蚁巢为地下巢，地面上不露蚁巢的痕迹。经过分飞脱翅，雌雄配对，钻入地下，建立新巢，成为新蚁巢的蚁后和蚁王。初建新巢是一个小室。随着时间的推移，新巢不断发展，几个月后出现菌圃。6~8 月连降暴雨后，白蚁伞菌属真菌从位于浅土层的幼龄巢和菌圃腔长出地面。蚁巢由小到大，结构由简单到复杂。成熟蚁巢为大型而复杂的巢，主巢在地下 60~90 厘米深处，在周围几十米范围内还有几个至几十个的副巢（菌圃）。主巢蚁路纵横交错、四通八达，主副巢间由手指般粗的蚁路相连，越近主巢蚁路越粗。主巢温度通常处在 25~28℃。巢群内的个体数量多达 100 万只。每年 5~6 月间在蚁巢附近出现成群的分群孔，分群孔为圆锥形凸起。在天气闷热或雷雨前后的傍晚，有翅成蚁分飞出巢。

（3）大白蚁的巢穴。蚁巢是由蚁群中的工蚁用沙子和黏土建成的。它们把沙子一粒一粒地垒起来，并用唾液和黏土混合而成的"灰浆"加以黏合，等干了以后，这种"混凝土"就会变得极其坚硬而结实。雨季的初期是这些大白蚁筑巢最频繁的时期。这些建筑很像城堡，形状各异，如圆锥形、圆柱形、金字塔形等。如果黏土短缺，雨水充沛，蚁塔呈圆顶形，其高度只有 2 米左右。如果下层土的黏土丰富，雨水较少，蚁塔呈锥形，可达 9 米高。

蚁塔的内部结构相当复杂，通常由一个主巢和 3~5 个副巢组成。巢内又分成许多小室，在主巢的中部，有蚁王和蚁后居住的"王宫"，还有羽化室、育儿室、仓库等，各室之间有通道相连。最奇妙的是蘑菇房，白蚁在这里培养蘑菇，供蚁后和幼蚁食用，这些蘑菇只有在这里才能生长良好。蚁塔内还修建有一些垂直式空气调节管道：蚁塔顶有一个较粗的通气孔，然后分成许多细孔道，呈辐射状向下延伸，当抵达蚁塔的下部时，又合并成粗孔道，直通地下室。这种巧妙的通风设备大大增强了蚁塔内的空气流通，不但可以保证氧气的供应，而且还可起到降温的作用。巢内温度恒定在 30℃ 左右，相对湿度约为 90%。此外，蚁塔内还有许多弯弯曲曲的隧道，为了觅食，地下隧道可延伸至远离主巢100 米的地方。

非洲大白蚁还能根据环境气候条件的变化，营造出结构有所不同的蚁塔。在炎热的灌木稀树干草原，蚁塔有复杂的内部结构，外壁有许多呈脊状突出的构造物。脊状构造物增大了蚁塔的表面积，有利于散热，而蚁塔内部则有多个通风管道。到了晚上，巢外气温过低时，用填充物将通风管道堵住一部分，减少通风的强度，这样一来，热量散失就受到控制。反之，白天巢外气温过高时，将填充物移走，通风管道发挥最大的散热作用。在潮湿的走廊林，气候凉爽且稳定，非洲大白蚁尽量减少热量的散失，此处的蚁塔呈圆顶形，塔壁厚实，塔身外面没有突出的构造物。

蚂蚁巢

除某些种类的蚂蚁没有固定的巢穴外，蚂蚁通常营造永久性的蚁巢。蚁巢是蚂蚁哺育后代、抵御外部不良环境和天敌攻击的场所。

蚂蚁巢的类型可以分成土中巢型、蚁生植物巢型、木巢型和悬巢型。

土中巢型：在土中营巢的蚂蚁种类是最多的。土中蚁巢的结构变化很大。

有的巢极为简单，仅在地面有 1 处出口，土下仅分成三大部分，即废物堆放地、巢室及幼体哺育室。有的蚁巢结构复杂，设有主、副通道口，蚁巢内通道纵横交错，有多个巢室、幼体哺育室和蚁后室。有的在土表形成蚁丘，蚁丘的形状多种多样，如茅草堆形、火山口形、土堆形等。

蚁生植物巢型：为热带和亚热带地区蚂蚁的巢穴，它们常在喜欢的植物上使用已有的空洞或缝隙营巢，如在果实或树枝内筑巢。

木巢型：主要是指在伐桩、倒伏木段等材料中营建的蚁巢。

悬巢型：是指悬挂或依附在植物上部小枝条上的蚁巢，由蚂蚁经过复杂分工与合作建成的，主要有丝巢和泥巢等。丝巢非常坚固，不易破损。有一些种类用工蚁叼泥土上树，用泥土、叶片和工蚁唾液建造泥巢。

蜂巢

膜翅目的蜜蜂、切叶蜂、胡蜂和泥蜂等蜂类都会建造自己的巢穴。蜂巢的造型之奇特，结构之巧妙，真可谓巧夺天工。不同种类的蜂所营造的蜂巢在形状、大小、结构等方面有所不同。

1. 蜜蜂巢

蜜蜂是典型的社会性昆虫，一个正常蜜蜂群体由一只蜂王、几万只工蜂及繁殖期培育的数百只雄蜂组成，它们生活在同一巢内。蜂王又称母蜂，个体大，发育完善，专司生育产卵；雄蜂唯一的职能是与蜂王交配，繁殖后代，交配后即死去。工蜂个体较小，为生殖器官发育不完全的雌性蜜蜂，没有生殖能力，它们的职能是负责采集花粉、花蜜、酿蜜、饲喂幼虫和蜂王，并承担筑巢、清洁蜂房、调节巢内温度、湿度以及抵御敌害等工作。

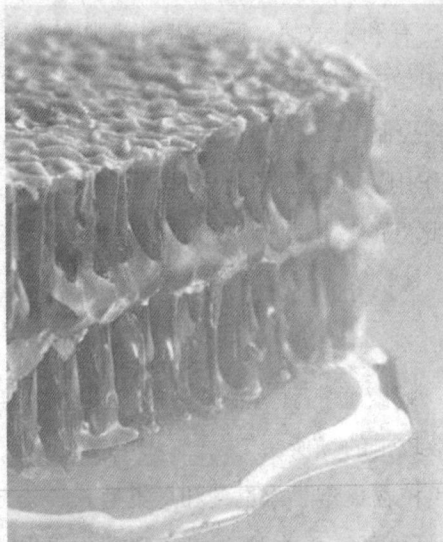

蜜蜂的蜂巢是蜜蜂繁衍生息、储存食料的场所，由工蜂泌蜡筑造而成。蜜

蜂巢分为自然蜂巢和人工蜂巢。自然蜂巢是由数片至十数片与地面垂直、互相平行、彼此保持一定距离的巢脾构成。相邻两巢脾之间相隔 7～10 毫米，称为蜂路。每张巢脾由数千个巢房连接在一起组成。人工蜂巢的巢脾放置在特制的木箱内。各巢脾的大小基本相同，呈长方形，是由工蜂在人工巢基础上筑造而成。巢脾外有一个洒动的木框。

巢房可分为王台、工蜂房、雄蜂房、花粉房和蜂蜜房。培育蜂王用的巢房，称为王台，形状似下垂的花生，是蜂群在分蜂前临时修筑的，多在巢脾下部和边角上。其余的巢房均呈正六棱形的筒状，由房底、房壁构成。在巢脾上最多的是工蜂房，用于培育工蜂，封盖平坦。雄蜂房的形状及结构与工蜂房相同，只是略大、稍深，封盖拱起，用于培育雄蜂。花粉房用于储藏工蜂采集回来的花粉，但是，花粉从不装满整个花粉房，留下 20% 的空间。蜂蜜房用来酿造蜂蜜。在自然状态下，蜂王都在巢脾中、下部的巢房内产卵，所以蜂巢的中、下部是卵、幼虫、蛹所在区域，即子区，蜂巢上部及两外侧为食料区。

蜂蜡是由工蜂第 4～7 腹节腹板上的 4 对蜡腺分泌的。雄蜂和蜂王的蜡腺已退化。出生 12～19 天的工蜂发育出 8 个蜂蜡腺体，这时称它们为蜡蜂，它们先借助带毛刷的后腿从蜡腺体抓取蜡片，用嘴把蜡片咀嚼成蜡球。蜡球经过一只只工蜂传给专门负责筑蜂房的工蜂。建房工蜂用上颚将蜡球碾压成厚度仅 0.073 毫米的房壁。每一张标准的蜂脾大约有 7500 个六角形的巢房，巢房蜡片的总重量为 40 克，却能容纳 2000 克的蜂蜜。让数学家们惊叹的是形成每一个六角形底边的三个平面的锐角都是 $72°32″$，这就解决了立体几何学上的一个难题：如何用最少的蜡让巢房能装下最多的蜜。所筑巢房具有高度的准确性和科学性，蜜蜂不愧为世上最高明的"建筑师"。蜂巢已成为建筑仿生学的重要依据，由于蜂巢结构具有材料重量轻、强度大、隔热、隔湿和隔音等特点，现已广泛应用于飞机、火箭和建筑等的设计中。

2. 切叶蜂的巢

切叶蜂是膜翅目切叶蜂科切叶蜂的昆虫，为独栖性昆虫，筑巢由已交配的雌蜂完成。在自然界中，雌蜂利用比其身体稍大的天然孔洞、裂缝、空巢、昆虫的蛀洞、地穴等筑巢。雌蜂先将巢穴清理干净，然后开始采集叶片、筑巢、产卵。筑巢时，切叶蜂到其喜爱的植物（多为蔷薇科植物）上，用宽大的上颚在叶片上切下直径约为 20 毫米的圆形叶子碎片，带回巢穴后卷成筒状，并将其一端封闭，形成巢室。接着，切叶蜂开始采集花粉和花蜜，将它们混合成蜂粮，储于巢室内，并产下 1 粒卵，然后再切圆形叶子碎片，带回巢内，将巢室顶部封闭。第 2 个巢室直接筑于第 1 个巢室上，直至巢穴筑满巢室，最后用树脂、木块或泥土封闭巢口。切叶蜂的巢穴深度达 100～200 毫米，呈管状。人工饲养提供的单个巢穴叫巢管，每个巢管由 4～12 个或更多巢室组成。成年切叶蜂能活 60 天左右，可筑造 35～40 个巢室，产 35～40 粒卵。

切叶蜂能为蜜蜂传粉的植物授粉，如苜蓿、白三叶草、红三叶草等多种豆科牧草。在欧美一些国家，苜蓿切叶蜂以商品化的方式，广泛应用于苜蓿种子的生产。但是，切叶蜂经常破坏玫瑰等植物，这是其有害的一面。

3. 胡蜂巢

胡蜂俗称马蜂，隶属膜翅目胡蜂科。蜂群中有后蜂、工蜂和雄蜂。胡蜂的单母建群方式与蜜蜂不同，它是从一个生殖雌虫开始，雌虫亲自参与建巢、产卵和育幼工作，待第一批幼虫羽化为成虫后，它们便接替母亲，承担起蜂群内的全部工作，而母亲则专司产卵。雄蜂只在繁殖季节出现，它们与雌蜂交配后不久陆续死亡。

胡蜂巢主要建筑在树木枝干上、屋檐下、树洞里或房屋内。筑巢材料以木质纤维为主，如树木的外栓皮、朽木、枯叶等。胡蜂将筑巢材料咀嚼成纸浆状，并掺和一些胶质物，然后筑巢。由于获得的木质纤维来源不同，所造出来的巢房外壁呈现灰色或灰棕色等交错的斑纹。蜂巢外形近似圆形或椭圆形，大小不一，最大的蜂巢直径可达 66 厘米。蜂巢的营造先从蜂巢基部开始，自上而下地逐渐加大。蜂房的横断面为六角形。蜂房的深度和直径因胡蜂种类而异。蜂房口朝下，呈水平横向排列，构成育子层，层与层间有供活动和栖息的"蜂路"，且有数量不等的支柱支撑上、下育子层。蜂巢建好后，女王在每个蜂房内产下一粒受精卵。卵的基部有一丝质柄，起固定作用。无足小幼虫孵化出来后，每日以捕获来的昆虫或蜜糖喂食。幼虫老熟化蛹时，成蜂便用纸浆做盖子，将蜂房封闭。成虫羽化后，自己咬破纸盖而出。胡蜂每年重建蜂巢，但女王不在旧巢产卵育儿，而是以旧巢为基础，在其上另建新房。单个胡蜂巢内的育子层多达 10 个。成年胡蜂除了捕食昆虫和采集花蜜外，还可取食树液和腐烂过熟的果实。所有胡蜂类都会对入侵巢穴或接近巢穴的任何动物发起攻击，尤其是对移动着的目标攻击更为强烈。我国常见的种类有普通长脚胡蜂和黄长脚胡蜂。

4. 泥蜂巢

泥蜂为膜翅目泥蜂总科的通称。全世界已知 12 000 种左右。大多数种类为捕食性，成虫捕食节肢动物，包括昆虫、蜘蛛、蝎子等。泥蜂的社会性较弱，大多数为独栖性，少数种类以共同生活方式栖居，即若干雌蜂共用一个巢口及通道，每个雌蜂再单独构筑自己的巢室。泥蜂大多数在土中筑巢，有的用唾液与泥土混合成水泥状坚硬的巢，有些在地上的自然洞穴内或利用其他昆虫的旧巢，少数在树枝内或竹筒内筑巢。巢的结构、巢室的数量、入口处的形状因不同的属或种而异。

昆虫的"窝"

有些昆虫建造的巢穴比较小，构造简单，可以形象地称之为"窝"。有的"窝"是为后代准备的，或者便于雌虫孵卵和保护幼虫，另一些"窝"则成为群栖生活的场所。

蠼螋的"窝"

蠼螋隶属革翅目，全世界有 1800 种左右。蠼螋腹部的末端长有一对坚硬的尾铗，故称"耳夹子"虫。雄性尾铗大而弯，雌性尾铗短而直。蠼螋多为杂食或肉食种类，喜潮湿阴暗，主要生活在树皮缝隙、枯朽腐木中或落叶堆下。许多种类习惯夜行，并有趋光性。

雌虫有护卵育幼的特殊习性。雌雄婚配后，在地下挖个 8～10 厘米深的洞，或以地下的天然缝隙作为育儿室，并将洞壁修理得整整齐齐。临近产卵时，雌虫将雄虫赶出洞穴，然后，在洞里产下 20～50 粒卵。卵产完后，雌虫伏卧在卵堆上孵卵，必要时，还对卵进行清扫、整理和翻动，使卵免遭螨类、真菌和入侵者的侵袭。卵孵化后，雌虫还离开洞穴，为若虫觅食，继续日日夜夜地照料它们。直至若虫进入第 2 龄或第 3 龄，雌虫才让她的子女们离开巢穴，独立谋生。雌蝼蛄寿命很长，可活 200 多天。如果没有雌虫的护理，蝼蛄卵的孵化率极低，绝大部分的卵因真菌感染而不能孵化，或者被土中的螨类捕食。

蝼蛄的"窝"

蝼蛄隶属直翅目蝼蛄科，为中大型昆虫，其前足为开掘足，穴居地下生活，夜间在地表下钻隧道，咬食作物根部、发芽的种子和幼苗等。产卵前，雌性蝼蛄在隧道的末端开挖一个似高尔夫球大小的穴室，该穴室距地面 10～30 厘米，然后，将一定数量的卵产在穴室中。有些种类的雌性蝼蛄有照料卵和低龄若虫的习性。

屎壳郎的"窝"

当你漫步乡间小道或到牧区游览时，常可发现滚动着的粪球。仔细瞧瞧，原来是两只昆虫在搬运"宝贝"——充饥的粮食。这种灵巧滑稽的小昆虫就是通常所说的蜣螂或屎壳郎。

蜣螂隶属鞘翅目金龟甲科，全世界有 4500 种左右，包括粪金龟亚科的粪金龟族，蜉金龟亚科蜉金龟族中的所有种类及金龟亚科中的绝大多数种类。蜣螂为全变态昆虫，成虫吸食粪便内的汁液，幼虫嚼食整个粪便。成虫一次能飞行几千米，有的白天飞行，有的则在黄昏和黎明时飞行。新鲜粪便所释放的气味引诱成虫进行长距离飞行。然而，并不是所有的蜣螂都会滚粪球。事实上，蜣螂的建巢和繁殖有 3 种类型，即隧道型、滚粪球型和栖居型。

足丝蚁的"窝"

纺足目昆虫俗称足丝蚁，但跟蚂蚁毫无关系。全世界已知300多种，主要分布在热带和亚热带地区，在南美洲北部和非洲中部种类最多。我国仅记载了6种。足丝蚁能用自己的前足来吐丝建巢，它们的前足第1跗节特别膨大，里面藏有约200个丝腺体。液体状的分泌物从丝腺体排出，在与空气接触后即成为丝。这种造丝的腺体在蜕皮时会周期性地更新。足丝蚁一生中要蜕几次皮，但足的造丝功能并不减退。

足丝蚁成虫和若虫均能泌丝结网建巢。它们在树皮裂缝或碎石间营造隧道式的丝质巢穴。隧道比虫体稍微宽一点，这样，虫体上的感觉毛能与隧道壁保持接触。有的种类还将植物碎屑和粪便覆盖在巢穴上，起伪装的作用。足丝蚁在巢内生活和繁殖，很少离开巢穴。足丝蚁的足和翅异常灵活，后足的肌肉非常发达，能在巢穴内进退自如。有趣的是，后退时，足丝蚁的翅能折叠，转向盖在头部之上。雌、雄交配后，雄虫很快死去。雌虫可单独在隧道里产卵，独自抚育后代。足丝蚁有群居习性，一只或数只雌虫以及它们的后代可共享巢穴，并共同营造和扩建巢穴。

足丝蚁巢穴的用途：其一，巢穴为觅食提供了通道。巢穴扩大时，隧道被延伸至有新食物的地方。其二，巢穴具有保湿功能。其三，巢穴可作为足丝蚁的逃逸通道，一旦遇到危险，足丝蚁迅速躲藏到迷宫似的巢穴内。

叶蜂幼虫的"窝"

扁叶蜂幼虫也有织网结巢的习性。扁叶蜂隶属膜翅目扁蜂科，全世界有200种。例如，云杉腮扁叶蜂为害红皮云杉。卵在针叶上排列成行。幼虫孵化后，身体腹面向上，一边吐丝，一边用背蠕行，沿枝条由上而下直达去年抽生

的针叶，用丝将针叶连接成网，然后于丝巢中取食。粪粒聚集于网中而形成虫巢，一般每个虫巢只有 1 条幼虫。进入 3 龄末 4 龄初后，幼虫另做新巢生活。它们在枝叶上做丝道，直达新生嫩枝，将针叶咬断，然后将其拖回巢中取食，食剩残枝则堆集于巢口。如果一根树枝上的新叶被吃尽，幼虫则另做丝道，通往其他嫩枝。丝道一般长 7 ~ 15 厘米。

昆虫的"家"

少数昆虫在某个阶段过一段短期的集体生活，但不建造专门的巢穴，它们群集在一起，便于越冬或者保护后代的安全。行军蚁在蚂蚁中非常特殊，它们只建临时性的巢穴。

瓢虫的群集越冬

瓢虫在越冬时，成虫群集在发生地附近，选择背风向阳的各种缝隙（如树缝、树洞、石洞、篱笆等）作为越冬场所。异色瓢虫的群集越冬习性较其他瓢虫明显，有的排成一片，有的堆积成团，不食不动呈休眠状态。有的洞里只有几十只，而有的洞却多达上万只，密密麻麻一大堆。如果这些石洞或石缝不受到破坏，瓢虫可连年在此越冬。

椿象成虫的孵卵护幼

半翅目昆虫既不会吐丝结巢，也不能以卵鞘形式产卵，但是，有很多种类的雌虫产下卵块后，并不离开，而用自己的身体罩在卵块之上，直到若虫孵化。这就是椿象特有的母系照顾现象。

行军蚁的露营巢

跟其他的蚂蚁一样，行军蚁的蚁群内有严格的社会分工。蚁后是蚁群的统治者，整个蚁群都是由它繁殖起来的。兵蚁负责打仗，有时还搬运大型猎物。工蚁除了寻找食物和与敌人战斗之外，它们还要抚养下一代和幼小的幼蚁，建造蚁巢。所有的兵蚁和工蚁均为雌性，但没有生育能力。雄蚁在蚁群中的生活时间很短，交配完毕后，雄蚁随即死亡。蚁后只需交配一次，即可终生产卵。

蚁后的寿命为 10～20 年。工蚁一般能活 1 年。每个蚁群有 30 万～200 万只个体。行军蚁的活动呈现周期性，每一个周期一般分为 2 个时期，即驻扎期和游猎期。驻扎期大约持续 3 周，在此期间行军蚁每晚在同一个地方宿营，蚁群活动相对较少。有趣的是，它们没有永久性蚁巢。工蚁们用自己的身体抱成团状，做成一个临时巢穴，称之为露营巢，这得益于工蚁的足末端的副爪勾，使得工蚁能用自己的足和身体相互之间连接在一起。年长的和强壮的工蚁在露营巢的最外缘，然后为年轻的工蚁，蚁后和幼蚁在巢的最里面。露营巢内也有巢室和通道。行军蚁常选择树根或粗枝条与土壤的间缝营巢。当露营巢建成后，蚁后大量吸食工蚁腹部分泌出来的蜜露。不久，蚁后开始产卵，不到 1 周的时间内，它便产下 25 万粒卵，整个巢穴内充满了卵。与此同时，幼蚁进入化蛹阶段。蚁群每天只派出一支行军队伍，而且从不同的方向出发。所以，这个时候蚁群非常安静。当卵孵化和蚂蚁成虫羽化时，整个蚁巢开始沸腾起来。于是，蚁群进入了下一个时期，即游猎期。在将近 2 周的时间内，它们白天迁移和猎食，夜间建巢宿营。当周围的资源被消耗殆尽的时候，它们又改变露营地，迁移到另外一个地方去。游猎中的蚁群具有惊人的杀伤力，它们所向披靡，几乎消灭任何比它们跑得慢的动物。

大陆行军蚁的习性与美洲大陆行军蚁相似，但蚁群更庞大，最多时一个蚁群有 2200 万只个体，其工蚁有更锋利的上颚，能猎杀大型动物。

昆虫的 "行"

昆虫胸部的足和翅是昆虫运动的主要器官，有些昆虫在幼虫期还有腹足。足的特化赋予昆虫多样化的运动方式。昆虫既能足行陆地，又能畅游水域。灵巧的翅膀和超强的飞行技能让它们搏击长空，拓展疆域，在觅食、求偶、繁殖和避敌等方面给昆虫带来了莫大的好处。

地上行走

昆虫的"地上行"

昆虫最常见的运动是行走于固体（如植物、土壤等）的表面上，可统称为"地上行"，包括走、跑、爬、跳和飘行等形式。

1. 走、跑、爬

步行足是昆虫中最常见的足，其特征是足较细长，各节无显著特化。这类足最适于担负行走，可用于昆虫的走、跑、爬。瓢虫、步甲、天牛等昆虫的足就是典型的步行足。

2. 跳昆虫的跳跃

依赖特有的跳跃足或弹跳装置，某些特殊的行为也能使昆虫跳起来。

具跳跃足的昆虫：有些昆虫能跳，是因为有特化的跳跃足。这类足的腿节特别发达，胫节细长，腿节内有发达的肌肉，可以控制胫节的屈伸，产生跳跃行为，如蝗虫、蟋蟀、跳甲等昆虫的后足均为跳跃足。

具弹跳器的昆虫：弹尾目昆虫俗称跳虫。多数种类生活于平地至低、中海拔山区，常在落叶堆、腐殖土等潮湿的地面栖息。跳虫的腹部有一个特殊的跳跃装置，称为弹跳器。弹跳器由弹器和握弹器两部分组成。第4或第5腹节的腹面有一个基部合并、端部分叉的附肢，称为弹器；第3腹节的腹面有一个握弹器，其基节互相愈合。平时弹器弯向前方夹在握弹器上。跳跃时，由于肌肉的伸展，弹器猛向下后方弹击物体表面，使身体跃入空中，其跳跃高度可达身长的15倍。跳虫使用弹跳器并不是为了行走，而是为了躲避天敌的捕食。

会"翻筋斗"的甲虫：在野外，孩子们常捉一种能在手上不停地叩头的甲虫来玩耍，这就是叩头虫。叩头虫为何能叩头呢？原来它的前胸背板与鞘翅基部有缝隙，前胸腹板有一个向后伸的楔形突，正好插入中胸腹板的凹沟内，这样就组成了弹跳构造。如果把叩头虫背朝下放在平面上，使虫体仰卧，它先挺胸弯背，头和前胸向后仰，后胸和腹部向下弯曲，这样就使身体中间离开平面而成弓形，然后再靠肌肉的强力收缩，使前胸向中胸收拢，楔形突与凹沟相合处发出叩击的声响，与此同时，胸部背面撞击平面，身体借助平面的反冲力而弹起，在空中做个"前滚翻"，将身体翻转过来，等到落地时，它就能稳稳地站立在地面上了。这种弹跳构造是叩头虫特有的防御性武器。"翻筋斗"时所弹起的高度可达 30 多厘米，叩头虫得以自救逃生，免遭敌害。叩头时所发出的声响是一种声音信号，用来吸引异性。

3. 毛发上行走

虱类能在毛发上生活，这得益于它们的特殊胸足。3 对胸足特化成攀缘足，这类足的特点是，胫节肥大，端部外缘有 1 个指状突起，跗节只有 1 节，最末一节为大型钩状的爪。当爪向内弯曲时，其尖端可与指状突起相接，构成钳状的构造，可牢牢地夹住毛发。攀缘足使虱类在寄主的毛发中行动自如。

4. 幼虫的"吐丝飘行"

许多鳞翅目昆虫的幼虫有吐丝下垂、随风飘移的习性。在受惊扰时，它们也会吐丝下坠。当危险解除后，幼虫摆动身体，用 3 对胸足沿丝向上攀爬，返回原处。幼虫"吐丝飘行"既是一种迁移扩散的方式，同时也是一种避敌手段。

5. 幼虫的"排队行"

在欧洲南部和北非的温暖地区，松树上有一种喜欢列队行走的毛毛虫。它们天生就有一种互相跟随的本能。外出活动时，走在后面的一条毛虫紧跟着前面毛虫的尾端，这样一条条头尾相接，蜿蜒而行，秩序井然。

6. 行军蚁的"扫荡"行动

美洲大陆的行军蚁在为期 2 周的游猎期中，每天变换宿营地。每晚营造露营巢。次日清晨，露营巢解体，多达 20 万只个体的蚁群集体迁移，"扫荡"行动所向披靡，几乎消灭任何比它们跑得慢的动物。队伍前方呈扇形编排，宽度为 14 米，向前推进速度为每小时 20 米。每天"扫荡"1500 平方米，消灭 3 万只昆虫。旧大陆的行军蚁也采用相似的"蚁海战术"来搜捕猎物，但"扫荡"队伍更为庞大，单个蚁群内的个体可多达 2200 万只，其杀伤力更加惊人，沿途还能猎杀大型动物。

7. "修路架桥"的蚂蚁

行军蚁经常成群结队地在森林里快速穿梭，进行掠食性袭击。在行进过程中，行军蚁往往遇到不平整的路面，这时前面的蚂蚁会用自己的身体填平凹坑，为后面的蚂蚁"铺设"一条平整的道路，形成一条明显的"行军"路线。当队伍通过后，铺路的蚂蚁才爬出凹坑，返回蚁巢。碰到不太宽的沟壑时，部分蚂蚁拿出筑巢所用到的本事，身体相互连接在一起，形成一个蚁桥，让蚂蚁大军顺利通过。如果沟壑太宽，它们就抱成团，将沟壑填平，这就是行军蚁的铺路架桥行为。部分成员的奋不顾身给整个蚁群带来莫大的好处。

昆虫的"隧道行"

有些昆虫能在土中或植物体内掘道前行，这类行走可称为"隧道行"。它们必须拥有开掘道路的技能，有的是靠特化的足来完成，有的则依靠口器的取食来开道。

1. 用足掘土开道

蝼蛄、金龟甲成虫和蝉若虫等土栖昆虫的前足特别发达，较宽扁，腿节或胫节上具坚硬的齿，称为开掘足，适用于挖掘洞穴和隧道，并能拉断植物的细根。

2. 用嘴开道

有些昆虫的成虫或幼虫在植物的枝干、茎秆或果实内取食和为害，称为钻蛀性昆虫，如天牛、吉丁虫、小蠹虫、螟蛾类等。还有一些昆虫为潜叶性昆虫，主要包括鳞翅目潜叶蛾类和双翅目的潜叶蝇类，其幼虫潜入叶片内，取食叶肉组织，留下表皮，形成蛇形潜道，俗称"鬼画符"。无论是钻蛀性昆虫，还是潜叶性昆虫，它们均是用口器来开道，在植物体内取食后，形成隧道，然后穿行其中。有些种类的幼虫的足退化或极度退化，只能在潜道中蠕动而行。

昆虫的"水上漂"

水生昆虫中部分种类常在水面上生活，它们的运动形式可形象地称为"水上漂"。跟地上行走的昆虫不同，它们需要有特殊的行走机制，才能漂行水面。

1. 水黾

夏秋季节，人们如果到池塘、河流和小溪边去，常常会看到有一种长形或椭圆形的黑色小虫，用细长的腿在水面上飞快滑行，时不时地来个"三级跳"，在水面激起层层涟漪。滑水动作轻盈优美，令人赞叹。这种能在水面上自如滑行的小虫叫水黾。因为它在水面上滑行、跳跃时激起的波纹，很像油滴落在水面后扩散的样子，故称"卖油郎"。

水黾的前足粗短，用于捕捉猎物，无划行功能。它的中、后足极细长，且向侧方伸开。中、后足在水中产生螺旋状漩涡，漩涡推力使水黾前行。水黾能在水面上快速行走、奔跑和跳跃，并不是依靠足分泌的油脂所产生的表面张力，而是得益于中、后足上刚毛的微米和纳米结构效应。在每只足上，数千根刚毛按同一方向排列为多层。这些刚毛的直径不足 3 微米，而人的头发直径在 80 ~ 100 微米。刚毛的表面有呈螺旋状的纳米级沟槽。空气被有效地吸附在刚毛和沟槽内，形成一层稳定的气膜，阻碍了水滴的浸润，这样一来，中、后足展现出超强的疏水性。仅 1 只足在水面的最大支持力就达到了其身体总重量的 15 倍。正是这种超强的负载能力使得水黾在水面上行动自如，即使遭遇狂风暴雨，或在急速流动的水流中它们也不会沉没。在水面上，水黾每秒钟的滑行距离为身长的 100 倍，相当于一位身高 1.8 米的人以每小时 640 千米的速度游泳。

水黾终生生活于水面上，喜开阔水域，对水上的"风吹草动"非常敏感，以掉落在水上的其他昆虫、虫尸或其他动物的碎片为食，其栖居环境包括湖泊、池塘等静水水面以及溪流等流动的水面。海黾则生活在海中，漂浮于开阔的洋面上。

2. 豉甲

豉甲隶属鞘翅目豉甲科。全世界已记录 900 多种，我国已知 46 种。豉甲为小型的捕食性昆虫。成虫体椭圆，具光泽，背隆起，呈流线型。复眼大，分为上下两部分，可分别观察水面上及水面下的物体。

豉甲生活在淡水水面上，但主要在池塘、小水坑等平静水面上栖息。成虫夜行性，多在夜间群集水面游泳。它们的游泳方式为回旋游动，即"旋泳"。豉甲为什么只能在水面"旋游"呢？原来，它的前足较长，不带长毛，无划行功能；中、后足短小而扁，末端呈钳状，只能在身体腹面进行微小的搅水运动，使水形成漩涡，带动虫体旋转。豉甲的体型较小，体重轻，具有蜡质的表皮，不会被水浸湿，同时它还能产生一种嫌水性的分泌物，以增加水的表面张力，因此，水的表面能负载豉甲的身体，使它不会下沉。豉甲在水面上的划行速度为每秒 100 厘米，而在水中的速度很慢，每秒只能游 35 厘米。

3. 水上"弓背"行

水面上行走的昆虫要到干的地方去时，会碰到一个障碍，即水的边缘呈半月形的滑斜坡，也就是弯月面。弯月面只有几毫米长，但是对于体型较小的昆虫来说，弯月面看起来像一个没有摩擦力的山坡。攀爬时，昆虫身体呈"弓背"状，水面变形产生侧向毛细管作用力，推动昆虫在弯月面上爬行，这样，昆虫就走出了水面。

昆虫的"水中游"

水中生活的昆虫中，有些种类终生生活在水中，如鞘翅目的龙虱、水龟甲，以及半翅目的划蝽、仰蝽等，还有些昆虫仅在幼虫阶段（特称为稚虫）生活在水中，如蜻蜓、石蛾、蜉蝣等。昆虫在水中生活需要解决两个难题，即供氧和动力。

水生昆虫的供氧有多种方式。水生昆虫到水面上吸氧的行为会限制其在水下停留的时间。浮到水面进行呼吸的次数越多，受到天敌攻击的概率越高，所以，这类昆虫发展了一系列适应性结构，以减少浮出水面的时间。一种明显的改变是减少气门的数目，水生昆虫体侧的气门退化，而位于身体两端的气门发达，或以特殊的气管鳃代替气门进行呼吸作用。气管鳃是体壁向外突起形成的，内有大量气管，通常位于身体两侧（如蜉蝣稚虫）或腹部末端（如豆娘稚虫）。气管鳃能让溶于水中的氧扩散进入虫体的气管中。另一种方式是，虫体上有稠密的毛，可携带气泡来供氧，常称为"物理鳃"。昆虫对氧气的消耗导致气泡中氧的分压下降，当气泡中氧的分压低于水中氧的分压时，水中的氧扩散进入气泡。由于在水和空气两相之间，氧气的渗透系数是氮气的 3 倍以上，因此，从水中扩散进入气泡的氧气量大于从气泡中扩散出去的氮气量，可使气泡的体积在一定时间内不致缩小，气泡内氧含量也不会减少，以维持其"物理鳃"的作用。

水生昆虫的动力来源有三个途径：特化足、喷水和摇摆。大部分种类具有特化的游泳足，其特征是各节宽面扁平，胫节和跗节边缘密生细毛，起划水的作用。

1. 用足划水

龙虱：隶属鞘翅目龙虱科。世界已知约 4000 种，我国记载约 200 种，常见的有黄缘龙虱等。成虫和幼虫都生活在静水或流水中，均能捕食软体动物、昆虫、蝌蚪或小鱼，幼虫尤其贪食。成虫触角丝状，中胸腹板无中脊突，后足为游泳足，其基节大，并固定在腹板上。雄性龙虱的前足特化为抱握足，其跗节特别膨大，具有吸盘状的构造，在交配时能抱住雌虫。成虫的鞘翅下面有布满直立疏水性毛的空腔，用于携带气泡。因容量十分有限，成虫常浮出水面，重新携带新鲜空气。龙虱幼虫没有储气囊，只靠体内气管储存很少的空气，所以，在水中的潜伏时间不能太长，要经常游到水面，将腹末的气管露出水面排出废气，吸入新鲜空气。

水龟甲：隶属鞘翅目水龟甲科。世界已知约 2000 种。水龟甲外形似龙虱，体背拱起。触角末 4 节呈棒状。胸部腹板有一条中脊。中、后足长，且有长毛，但不扁平。跗节 5 节。在触角的一侧有一条浅槽，由拒水性毛将其覆盖，从而形成一条管道。水龟甲游向水面时，将头露出，空气从触角一侧的管道进入，储藏在腹面密集而不会被

水沾湿的短毛上。此时，在毛上可以形成一个很大的空气层，腹面因密集水泡而变成银白色。水龟甲在水下靠鞘翅和腹板的运动将气泡中的空气吸入鞘翅下面的储气腔和气管内。它在水中的换气也是靠触角进行的。成虫一般为植食性，幼虫为腐食性或肉食性，可捕食蝌蚪和小鱼等动物。

仰蝽：隶属半翅目仰蝽科。世界已知 340 种，我国有 21 种。仰蝽为捕食性。成虫体形呈流线形，体背隆起似船底。腹部腹面下凹，有一纵中脊。触角短，位于复眼下。喙 3 节。后足游泳足，呈长桨状，休息时伸向前方。游泳时仰蝽背面向下，以仰泳的方式在水中活动。两排气门排列在腹部表面的 2 条纵沟里。每条纵沟的两侧各生一列倾斜的短毛，把纵沟遮盖得严严实实，使之成为一个气道。气道的末端有 3 个能开启和闭合的毛瓣。到水面换气时，仰蝽露出腹端，打开毛瓣，进行气体交换。

蝎蝽：成虫体细长或长卵状，前足捕捉式，腹末具长呼吸管，上面有气门开口，气门周围有分泌的油质物或拒水毛。呼吸时常以体末端倒悬于水面上，利用油质或拒水毛打破水的表面张力，直接从空气中吸氧。这样，蝎蝽可以在身体隐藏于水的情况下呼吸空气。

2. 喷水蜻蜓

稚虫的气管鳃突出在直肠腔内，形成直肠鳃。稚虫用直肠鳃呼吸时，腹部肌肉的运动使水进出直肠，并利用氧的分压差来吸进氧气。遇险时，稚虫从直肠射出水柱，所产生的反推力会带动它们向前快速移动，从而避开捕食者的袭击。

3. 似鱼儿"摇摆"

一些昆虫的幼虫生活在水中，但是，它们没有特化的游泳足。游泳时，它们依靠身体的摆动，跟鱼儿"摇摆"相似。这些昆虫的气管鳃所在部位有所不同。例如，蜉蝣稚虫的气管鳃位于腹部的两侧。豆娘稚虫尾端的肛侧板和肛上板成为 3 片尾鳃，尾鳃为供氧器官，同时也起到"桨"的作用，以增加游泳时的动力。

低空飞行

昆虫翅膀的来源与鸟类不同，鸟类的翅膀是由前肢转变来的，而昆虫的翅膀是由向两侧扩展成的侧背叶发展而来的。昆虫的翅膀十分灵活，不用时还可以收折在身体背面。昆虫有较强的飞行能力和无与伦比的飞行技巧，有的种类还能进行长距离迁飞。飞行使昆虫在觅食、求偶、避敌和扩大分布范围等方面比其他陆生动物要技高一筹。

昆虫的飞行机制

在昆虫翅的基部有不少起关节作用的小骨片，包括紧接前缘脉的 1 块肩片，位于腋区的 3 ~ 4 块腋片，以及位于腋区中部的 2 块近三角形中片。这些小骨片就是翅的关节，用以控制翅的升降、折叠和飞行运动。昆虫飞翔时，翅的运动包括上、下拍动和前后倾折 2 种基本动作。

1. 翅的折叠与展开

翅的折叠：与翅折叠直接相关的是第 3 腋片和中片。当第 3 腋片腹面收缩时，第 3 腋片外端后方上翘，使腋区沿两块中片间的基褶向上拱起，将臀区折下，同时由于第 3 腋片翘翅时产生的后向拉力，使翅以第 2 腋片与侧翅突的相接处为支点向后旋转，这样翅就覆盖到背上。

翅的展开：昆虫在飞行前，翅的展开是着生在前上侧片里的前上侧肌收缩的结果。前上侧片位于翅前缘的基部，前上侧肌收缩时，前上侧片下陷，前翅就会以侧翅突为支点把翅展开。

2. 翅的拍动与倾斜

翅的上下拍动由胸部飞行肌综合操纵。根据飞行肌的不同，可分成两大系统，即直接飞行肌系统和间接飞行肌系统。

直接飞行肌系统：蜻蜓目和蜉蝣目昆虫翅的拍动依靠直接飞行肌，即前上侧肌与后上侧肌。直接飞行肌与翅基相连，可以操纵翅的倾折、旋转和上下拍动。后上侧肌收缩时，翅上举、向后方倾斜。前上侧肌收缩时，翅向下拍动，并向前倾斜。这样一来，虫体前方和翅的上方形成低压区，而翅的下方和后方形成高压区，虫体朝向前方和上方前进。直接飞行肌为同步飞行肌，一次神经冲动仅引起肌肉收缩一次。所以，其翅振频率较低，一般为每秒5～200次。蜻蜓前后翅的振动相互独立，其翅振频率不稳定。

间接飞行肌系统：除蜻蜓目和蜉蝣目以外的其他有翅昆虫均采用间接飞行肌系统拍动翅膀。间接飞行肌包括背纵肌和背腹肌，这2种肌肉附着在胸部外骨骼的内壁上，而不在翅基上，它们通过改变胸部的形状使翅上下拍动。当背腹肌收缩时，背板往下拉，翅基部以第2腋片与侧翅突的顶接处为支点，被带着向下，翅因此上举。当背纵肌收缩时，背板向上拱起，翅基被带着向上，翅因此下拍。当背纵肌与背腹肌均松弛时，翅平伸。昆虫上下拍动翅的同时，前上侧肌与后上侧肌的交替收缩使翅向后或向前倾斜。翅上下拍动1次，翅面就沿着虫体的纵轴扭转1次。当昆虫飞行而不能前进时，翅尖成"8"字形运动，而前进时，翅尖的行程则为一系列的开环。甲虫和蝇类的间接飞行肌为异步飞行肌，单一神经刺激可使肌肉纤维进行多次收缩。这些昆虫有较高的翅振频率，有的可超过每秒1000次。膜翅目和半翅目昆虫中，既有异步飞行肌的种类，也有同步飞行肌的种类。蝗虫、蛾类和蝶类的间接飞行肌均为同步飞行肌。

昆虫的飞行特点

昆虫的飞行具有速度快、飞行距离长、耗能少、机动性强等特点。在耗能方面，昆虫比飞机要节省得多，如蝗虫飞行1小时后，其体重仅减少0.8%。

1. 昆虫的飞行速度

昆虫飞行的速度与翅振频率、翅的扭转程度、翅的形状以及翅与虫体大小的比率等都有密切的关系。一般翅形狭长而扭转度较大的种类飞行较快，如天蛾和蜜蜂等，而翅形宽大、扭转度较小的种类飞行较慢，如蝶类等。一般来说，翅振频率愈高，飞行速度愈快。唯一例外的是蜻蜓，其翅振频率很低，但飞行速度却较快。翅的面积随昆虫的体重的增加而增大，但翅振频率随昆虫的体重的增加而减少，故飞行速度随之变慢。

昆虫飞行速度的绝对值看起来不算高，但是，考虑到昆虫的躯体较小，昆虫飞行的相对速度却是非常惊人的。人和"甲壳虫"汽车每秒能跑的距离是身长的5倍，喷气式飞机的每秒飞行速度是机身长度的100倍，而蝇类昆虫的每秒飞行速度却是身长的250～300倍。

2. 昆虫的飞行技巧

经过漫长的进化过程，昆虫获得了高度的飞行机动性和灵活性，并对风速、在空中的位置和周围环境的变化能随时做出快速反应，它们所展现出的飞行技巧令人类发明的现代飞行器黯然失色。

除前进飞行外，昆虫还能进行多种令人惊叹的特技飞行。例如，蜻蜓、一些蝇类和蜂类等昆虫能调节翅的倾斜度和左右翅的翅振频率，使虫体侧向飞行或倒退飞行。有的昆虫（如食蚜蝇等）甚至可以在空中停留，这些昆虫通过调整翅的振动平面与体躯纵轴间夹角的方位，维持了一个与重力相等的浮力，从而使虫体悬飞在空中。家蝇能进行急转弯飞行，其转弯半径不超过身体的长度，在急速飞行过程中，它们还能急剧减速。群飞也是昆虫的一大绝技，无论池塘岸边的蚊群、蜉蝣的群飞，还是令人恐惧的蜂群袭来、蝗群铺天盖地的蔽日阴霾，都各有特色。有趣的是，蜻蜓目昆虫还能进行雌雄共飞。

昆虫的迁飞

昆虫的迁飞是昆虫典型的迁移现象，是指昆虫长距离飞行，成群地从一个发生地转移到另一个发生地。迁飞常发生在成虫羽化、翅骨化变硬之后。此时，雌性成虫的卵巢尚未发育，大多数还未交配产卵，飞行肌发育较为完善，而且飞行能源的储备较多。昆虫的飞翔能力，加上高空气流和风的影响，

为昆虫的迁飞提供了良好的条件。迁飞是昆虫在时间、空间上的一种适应性特性，有助于昆虫的生存和繁衍。但是，迁飞并不是各种昆虫普遍存在的生物学特性，不少草地和农业害虫具有迁飞特性，如东亚飞蝗、草地螟、黏虫、甜菜夜蛾、小地老虎以及多种蚜虫等。

1. 昆虫迁飞过程

昆虫迁飞的全过程包括起飞、空中飞行和降落 3 个环节。

起飞：大多数迁飞性昆虫都是夜行性的，其迁飞始于日落，起飞峰期一般出现在日落后 20 分钟左右，并很快终止。少部分昆虫（如蚜虫）的起飞多发生在白天，但白天迁飞的昆虫大多在晨光时开始起飞，日出后终止。昆虫的起飞为主动起飞。垂直气流对昆虫的起飞没有决定性影响或影响极微。起飞后的个体主动爬升到巡航高度，其爬升速率一般为每秒 0.4 ~ 0.5 米，像蚜虫这样的小型昆虫则为每秒 0.2 米。迁飞性昆虫的起飞受温度和光照的影响。每种迁飞性昆虫都有其起飞的初始温度，若气温低于这一温度则不能起飞，如蚕豆蚜起飞的初始温度为 15.5 ~ 20.3℃，稻飞虱的起飞要求 18℃ 以上的温度。每种迁飞性昆虫还有其起飞的初始光照强度。例如，白天迁飞的蚕豆蚜起飞时，要求光照强度大于 6.1 勒克斯，而夜间迁飞的蛾类在光照强度小于 6.1 勒克斯时才能起飞。

空中飞行：在空中飞行时，昆虫处于大气边界层顶或者附近，这里的低空逆温和低空急流为迁飞虫群提供了最适宜的运行环境。边界层顶有一定厚度，夜间陆地边界层 200 ~ 600 米，夜间海洋边界层 500 ~ 1000 米。迁飞虫群能主动选择风温场，在边界层顶集聚成层，从而维持一定的迁飞高度。空中虫群采用共同定向，即保持一致的飞行方向。大多数为顺风定向，即虫群飞行的方向和速度同当时的风向风速一致。有的也采用侧风定向，即定向方位与风向呈一定夹角。例如，水稻褐飞虱在春末由南往北迁飞，上空有来自偏南方向的运载气流；而秋末由北往南迁飞时，上空必须有来自偏北方向的运载气流。虫群在空中的相对运行速度是风速与其自身飞行速度的矢量和。

降落：迁飞虫群的降落为主动降落。锋面天气和强降水过程能使迁飞昆虫迫降，但不是降落的必要条件。

2. 迁飞类型

昆虫的迁飞可分为以下四种类型。

无固定繁育基地的连续性迁飞型：农业昆虫中的大多数迁飞性种类（如草地螟、黏虫、稻纵卷叶螟、甜菜夜蛾、稻褐飞虱等）均没有固定繁殖基地，可以连续几代发生迁飞，每一代都可以有不同的繁殖基地。成虫从发生地迁飞到新的地区去产卵繁殖，产卵后随即死亡，这些昆虫成虫的寿命较短。有的种类则在一定的季节里按一定的方向迁出，当年又迁回。

有固定繁育基地的迁飞型：大多数飞蝗属于这种类型，其繁育基地称为"蝗区"。飞蝗只有在这些基地上才能大量繁殖，并形成巨大的、能迁飞的群居型飞蝗群体。迁飞个体一般单程迁出，不返回原来的发生地，迁飞到新的地区产卵、危害，随即死亡，如东亚飞蝗可从沿湖蝗区繁殖基地迁飞到几百千米以外的地方。

越冬或越夏迁飞型：成虫寿命较长，从发生分布地区迁向越冬（夏）地区，在那里度过其滞育阶段，在滞育结束后，又返回原来发生地，产卵繁殖。君主斑蝶、七星瓢虫和异色瓢虫等昆虫的迁飞就属此类型。

蚜虫迁飞类型：环境恶化时，有翅型蚜虫大量出现，迁飞或扩散到新的栖息地繁殖后代。特别是有季节性寄主转移的蚜虫种类。它们自身的飞翔能力很弱，飞行速度仅为每秒 0.44 米，一次飞行不超过 3 米，且靠近地面飞行。

蚜虫以自主扩散开始，以随风迁飞告终。在空中，蚜虫在 9 小时内的飞行距离超过 400 千米。

3. 迁飞证据的获得

为了确定某种昆虫是否具有迁飞习性，可采用多种方法来搜集证据。其一

是直接观测法，迁飞昆虫在发生地的数量有无突增或突减现象。其二是标记释放回收法，将做有标记的昆虫释放到野外，然后异地回收。其三是空中捕虫法，在高山上设置捕虫网，或在飞机或气球上挂拖网，从高空捕虫。其四是雷达观测法，用雷达观测昆虫的起飞与降落及空中运行，所用雷达为脉冲雷达，即从天线发射足够能量、足够短的脉冲波束检测目标，且波长必须是厘米级的。其五是卵巢发育进度分析、异地虫源同质分析等其他方法。

第三篇
昆虫科目

昆虫纲不但是节肢动物门中最大的一纲，也是动物界中最大的一纲。昆虫的分布面之广，没有其他纲的动物可以与之相比，几乎遍及整个地球。从赤道到两极，从海洋、河流到沙漠，高至世界的屋脊——珠穆朗玛峰，下至几米深的土壤里，都有昆虫的存在。这样广泛的分布，说明昆虫有惊人的适应能力，也是昆虫种类繁多的生态基础。

直翅目昆虫

蝗　虫

　　蝗虫又名"蚱蜢""草螟""蚱蚂""蚂蚱"等，全世界约有12 000 种。蝗虫通常为绿色、褐色或黑色。蝗虫的脚发达，尤其后腿的肌肉强劲有力，外骨骼坚硬，使它成为跳跃专家，胫骨还有尖锐的锯刺，可以做防卫武器，蝗虫的头部除有触角外，还有一对复眼，这是主要的视觉器官。同时，还有3 个单眼，仅能够感光。蝗虫还具有惊人的飞翔能力，可连续飞行 1～3 天。蝗虫飞过时，群蝗振翅的声音响得惊人，就像海洋中的暴风呼啸。它们喜欢吃肥厚的叶子，如甘薯、空心菜等，对农作物有一定的危害，是灾害性昆虫。对农业造成危害的主要种类有：亚洲飞蝗、小垫尖翅蝗、意大利蝗等。对牧场有灾害的蝗虫有：西伯利亚蝗、牧草蝗、小车蝗等。

棉蝗

　　棉蝗别名大青蝗、蹬山倒，在我国分布在内蒙古、河北、陕西、山东、江苏、浙江、福建、湖北、湖南、江西、广东、广西、云南、台湾的广大地区。雄虫体长 48～52 毫米，雌虫体长 56～77 毫米，体色鲜绿带黄，触角丝状。在北方地区 1 年发生 1 代，以卵在土壤中越冬。翌年 4～5 月份开始孵化为害。幼蝗食量较小，成虫食量大，但无明显的群聚及迁飞为害习性。成虫为害至 10 月中、下旬才相继死亡。棉蝗对棉花、甘蔗、水稻、竹类、甘薯、大豆、柑橘、茶、木麻黄、杉木、相思树危害很大。

长翅燕蝗

长翅燕蝗是农林业的主要害虫之一。1年发生1代，以卵在土中越冬。喜栖息于河谷旁的密林和灌木丛中。主要为害枫杨、核桃楸、山榛子等多种阔叶树，吃光林叶后，便转移侵害田地。气候干燥时，会导致蝗灾大面积发生。6月份，进入幼成期，灭蝗效果最佳。主要分布在东北、河北、山西、新疆等地区。

中华稻蝗

中华稻蝗属直翅目，蝗科。成虫雄虫体长15~33毫米，雌虫20~40毫米，黄绿色或黄褐色，有光泽。在我国北方地区1年发生1代，以卵在土中越冬。主要为害水稻、玉米、高粱、麦类、甘蔗和豆类等多种农作物。成、若虫咬食叶片，咬断茎秆和幼芽。水稻被害叶片成缺刻，严重时稻叶被吃光，也能咬坏穗茎和乳熟的谷粒，为害水稻及禾本科牧草。在我国分布极广。

大垫尖翅蝗

大垫尖翅蝗是内蒙古草原天然草场上的主要害虫之一，发生在具有土壤潮湿、地面反碱、植被稀疏等特点的环境中，在草原碱斑地带发生数量较大。1年发生1代，以卵在土壤内越冬，翌年6月间孵化，7月成虫羽化。主要为害禾本科草类，也常为害豆类及苜蓿等作物。在我国其他地区也有广泛的分布。

小垫尖翅蝗

1年发生1代，以卵在土中越冬。栖息于草原、多见于碱斑较多的地方，阳光充足时成群在碱斑处，受惊时短距离飞进草丛间。为害小麦、莜麦、高粱、玉米、谷子、苜蓿、草木樨等。内蒙古、新疆地区分布多。

宽须蚁蝗

宽须蚁蝗成虫体形短小。1年发生1代，以卵在土中越冬。是草原上的主要优势种之一，以取食禾草为主，如羊草、隐子草、针茅、早熟禾、扁穗、冰草、狐草、燕麦、小麦等，也少量取食豆科的苜蓿、三叶草、草木樨、小叶锦鸡儿；菊科的冷蒿、变蒿、沙蒿及莎草科的苔草等，当发生数量较大时，常可严重为害牧草，特别在一些农牧交错地区和大面积草场中的零星农田，常可遭到严重危害。一般年份，在新疆和内蒙古地区最早孵化出现在5月中旬，孵化盛期在5月中、下旬。最早羽化在6月中旬，羽化盛期在6月下旬和7月上旬。分布于青海、甘肃、新疆、内蒙古等地区的山地草原上。

亚洲小车蝗

亚洲小车蝗1年发生1代，以卵在土中过冬。蝗蝻雄性4龄，雌性5龄。雌性成虫较雄性成虫个儿大。5月下旬至6月上旬越冬开始孵化，6月下旬大部分为2~3龄蝗蝻，7月中、下旬为成虫盛期，7月下旬至8月上旬开始产卵。亚洲小车蝗适生于板结的沙质土，植物稀疏，地面裸露的向阳坡地等地面温度较高的环境，有明显的向热性。每天以中午活动最盛，阴雨大风天不活动，成虫都有趋光性，以食羊草、隐子草、针茅、冰草和洽草等为食，分布于内蒙古大部分牧区与半农半牧区，主要为害禾本科、莎草科、鸢尾科等牧草。

条纹鸣蝗

条纹鸣蝗喜栖息在环境湿度大的地方。对禾本科牧草及其他杂草类造成一定程度的危害。1年发生1代，以卵在土中越冬。内蒙古、北京、黑龙江、河北、山西、陕西、甘肃等地都有分布。

蝼 蛄

蝼蛄俗名拉拉蛄、土狗。全世界已知约50种。中国已知4种：华北蝼蛄、非洲蝼蛄、欧洲蝼蛄和台湾蝼蛄。蝼蛄土栖，体狭长，头小，圆锥形。

复眼小而突出，单眼 2 个。触角短于体长，前足开掘式，缺产卵器。一般于夜间活动，但气温适宜时，白天也可活动。成虫有趋光性，能倒退疾走，在穴内尤其如此。蝼蛄吃新播的种子，咬食作物根部，对作物幼苗伤害极大，是重要地下害虫。

非洲蝼蛄

非洲蝼蛄在黄淮地区约 2 年完成 1 代，长江以南 1 年发生 1 代。蝼蛄雄成虫体长 28 ~ 32 毫米；雌成虫体长 32 ~ 34 毫米。身体灰褐色，密被黄色细毛。头小狭长，触角丝状。为害小麦、水稻、玉米、高粱、棉花、麻、烟、甜菜、白菜、桑、马铃薯、葱、韭菜。我国部分地区、东南亚、澳洲、非洲均有分布。

东方蝼蛄

东方蝼蛄的生活史较短，华北、西北和东北 2 年左右完成 1 代，以成虫及若虫在土穴内越冬。其主要为害禾谷类作物及禾本科牧草。全国大部分地区都有分布。

华北蝼蛄

华北蝼蛄生活史长，3 年完成 1 代，以第 1、2 年若虫及第 3 年发生的成虫筑洞越冬，深达 1 ~ 16 米。每洞 1 虫，头向下。次年气温上升即开始活动，在地表营成长约 10 厘米的隧道。为害各种林木、果树、农作物、蔬菜幼苗及根。分布于内蒙古、吉林、辽宁、河北、陕西、宁夏、甘肃、新疆、山东、江苏、安徽、河南、湖北、江西、西藏等。

台湾蝼蛄

台湾蝼蛄分布在台湾。成虫体长 20 ~ 30 毫米，后翅较前翅略长，达第 3、第 4 腹节。前足发达，其跗节适于掘土，后腿节粗大，腹部末端具 1 对尾毛。1 年发生 1 代，栖息在较潮湿地方，成虫于 4 ~ 7 月间出现，若虫期 150 ~ 300

天。寄生于甘蔗、陆稻、粟等禾本科植物。

蟋蟀

蟋蟀俗称蛐蛐，古人称之为"促织""蛩"等，在沪、苏一带方言称之为"赚积"。属直翅目，蟋蟀科，体呈黑褐色或黄褐色，体形粗壮，体长15~40毫米，头呈圆形，具光泽；触角丝状，有30节，往往超过体长。雄虫好斗，且善鸣叫。雌虫则默不做声，是个哑巴，俗称"三尾子"。蟋蟀是人类最早认识的昆虫之一，在我国已有数千年的历史。全世界约有3000种，我国有50多种。饲养蟋蟀作为一种娱乐活动，在中国已有千余年历史。

蟋蟀是不完全变态昆虫。生性孤僻，是独居者，通常一穴一虫，要到成熟发情期，才招来雌蟋蟀同居一穴。但在幼虫期，往往30~40只共居一室，十分亲热。雌虫一生可产卵500粒左右，分散产在泥土中，以卵越冬。蟋蟀每年出生一代，喜居于阴凉和食物丰富的地方，常在夜间出来觅食。成虫喜跳跃，后腿极具爆发力，跳跃间距为体长的20倍左右；少数种类后翅发达能飞行。每年夏秋之交是成虫的壮年期，也是捕捉斗玩蟋蟀的大好时期。

蟋蟀爱打架在昆虫界是出了名的，每年一到秋天，两只蟋蟀狭路相逢，大打出手的事儿经常发生。正是这种争强好斗的性格和精彩的打斗表演，牢牢抓住了人们喜欢观看竞技比赛的心。早在2000多年前，我们的祖先就开始养蟋蟀、斗蟋蟀了。最早是农民庆祝丰收，丰收了当然很高兴，就要找点乐趣，他们就捉了蟋蟀，在地上挖一个圆圆的坑，然后把蟋蟀放到一起开始打斗。后来斗蟋蟀的风气还传到了皇宫里，明朝的宣德皇帝是一位酷爱斗蟋蟀的皇帝，民间为了进贡一只蟋蟀而倾家荡产、家破人亡的不在少数。为什么蟋蟀在秋天格外好斗呢？因为每当秋收来临之时，特别是中秋前后，也正是蟋蟀风华正茂、身体最强壮的时候。这时的蟋蟀打起架来，都跟参加拳王争霸赛一样卖力气。要欣赏斗蟋蟀这可是最好的时机了。

鞘翅目昆虫

蜚　蠊

　　蜚蠊也称蟑螂，是人们生活中常见的讨厌而可恶的昆虫，从石炭纪开始，它们就出现在地球上了。石炭纪，在地质学上是古生代的第五纪，距今有35 000万年到27 000万年。那时候，地球上的气候温暖，植物生长得高大茂密。后来，海水浸满大陆，这些茂密的植物，就沉积在地层里，逐渐形成了煤层。而在这个地质年代以前，蟑螂就已经在这个地球生活了。

　　从石炭纪以后，地球表面发生了无数次变迁，很多昆虫销声匿迹，可是蟑螂却顽强地生存了下来，一直到今天。

　　蟑螂令人讨厌，但如果要想用手去抓它，又是非常不容易的，只要你一伸手，它就逃掉了。蟑螂为什么这样敏感呢？原来，它有一对构造特殊的尾须。正是这对尾须，保护了蟑螂这种古老的昆虫，使它在大自然的选择过程中，能世代绵延3亿年之久。

蟑螂的尾须上，密密麻麻地覆盖着许多细小的毛，这些毛分两种：一种细毛形似猪鬃，较短而尖；另一种细而长，看上去像单根的人发。它的颈部在一个圆盘状的小丘中央。正是这种"丝状细毛"的根部构成了一个高度灵敏的微型震动器，它不但能感觉震动的强度，而且可以感觉震动来自何方。蟑螂得到尾须传来的信息，就立即逃之夭夭了。

蟑螂是在黑夜人们都睡熟的时候才出来找食的。如果寻找不到食物，就爬到厕所、马桶、便盆里去寻找，不管是粪便、尿液，还是其他脏东西，凡是含有有机物质的，不管是香的、臭的，它都要吃。吐在地上的痰液、动物的粪便、腐烂小动物的尸体，它也吃。在这些脏东西里，有各种各样的细菌，蟑螂带着这些细菌爬到食物上来，就把细菌带到食物和器皿上了。蟑螂虽然不是传播某种传染病的特定昆虫，但是在它们爬过食品时却会通过其排泄物和机械途径（脚爪和体表）传播微生物。它是痢疾杆菌、大肠杆菌、霍乱菌、鼠疫菌等病菌传播的媒介。蟑螂不但能传染肝炎等许多消化道疾病，还能传染结核病。科学实验表明，这些病菌在蟑螂的粪便中都有活动。蟑螂也是寄生在老鼠和人身体里的棘头虫、成虫类的中间宿主。如果蟑螂实在找不到食物，就到书柜、书箱里去吃书脊上的糨糊，把书籍咬坏；还会钻到收音机、电视机里面，把线路的包皮咬破。蟑螂的破坏性极大，在我国，蟑螂是四害之首。

蟑螂的耐饥能力极强，红棕色蟑螂的成虫能挨饿 40 昼夜，幼虫能挨饿 22

昼夜；黑色蟑螂的幼虫能挨饿 80 昼夜。蟑螂不但触角灵敏，又很会利用假死来伪装自己。由于蟑螂的身体扁平而柔软，只要有 2~3 毫米宽的缝隙，就能钻进去藏起来，使人们对它束手无策。现有的防治蟑螂措施有环境防治、物理防治、化学防治和生物防治，每一种防治都有自己的特点。但是，彻底灭掉蟑螂是需要一定气力的，而且必须时时防止蟑螂死灰复燃。

臭蜣螂

臭蜣螂通体黑色，雄虫头顶有一角状突起，前胸背板强烈向后下方凹陷，并在凹陷边缘形成尖角；雌虫头部和前胸背板正常；鞘翅上有纵脊。有趋光性。体长 20~30 毫米。臭蜣螂生活在草原牧场，成虫取食牲畜粪便。对促进草原有机物的分解转化，保持生态平衡具有十分重要的意义。分布于内蒙古、吉林、辽宁、河北、河南、山东等地。

墨侧裸蜣螂

墨侧裸蜣螂别名北方蜣螂，成虫栖息在草原牧场的马粪上，雌、雄有滚粪球的习性，前拉后推，并在滚好的粪球上产一枚卵，埋入土中。成虫群集性，受惊后集中迁飞。鞘翅飞行时不打开，从鞘翅下面伸出后翅，飞行速度相当快，并发出嗡嗡响声。成、幼虫均以食粪为生。分布于欧洲南部、北非、巴尔干半岛、高加索、小亚细亚、巴勒斯坦及我国黑龙江、吉林、辽宁、新疆、内蒙古、河北、山东、江苏、浙江等地。

立叉嗡蜣螂

立叉嗡蜣螂生活在草原牧场的牛、马、羊的粪便中，成虫取食牲畜粪便，在牲畜粪便下面土中打洞产卵。对促进草原有机物的分解转化，保持生态平衡具有十分重要的意义。分布于内蒙古、山西等地。

台湾蜣螂

台湾蜣螂生活在草原牧场，成虫取食牲畜粪便，对促进草原有机物的分解转化，保持生态平衡具有十分重要的意义。分布在台湾、内蒙古等地。

金龟子

金龟子，无脊椎动物，昆虫纲，鞘翅目是一种杂食性害虫。除为害梨、桃、李、葡萄、苹果、柑橘等外，还为害柳、桑、樟、女贞等林木。常见的有铜绿金龟子、朝鲜黑金龟子、茶色金龟子、暗黑金龟子等。金龟子是金龟子科昆虫的总称，全世界超过26 000种。在除南极洲以外的大陆均有发现。不同的种类生活于不同的环境，如沙漠、农地、森林和草地等。

黑蜉金龟

黑蜉金龟成、幼虫生活在牛、马、羊粪便中，以牲畜粪便为食。成虫有迁飞性，产卵于粪便下方的土中。可促进有机物的分解转化，在保持生态平衡方面具有重要的意义。内蒙古锡林郭勒盟正镶白旗有分布。

三斑蜉金龟

三斑蜉金龟生活在草原牧场的牛、马、羊粪便中，成虫以牲畜粪便为食，有迁飞性，产卵于粪便下方的土中。对促进草原有机物的分解转化，保持生态平衡具有十分重要的意义。分布于东北、华北地区。

华北大黑鳃金龟

华北大黑鳃金龟体长2厘米左右。2年发生1代，以幼虫、成虫隔年交替越冬。白天躲在土里，晚上出来活动。爱吃植物根苗，可为害29种植物，喜食大豆、苜蓿、甜菜、玉米、榆树、花椒的叶片。分布于北京、天津、河北、内蒙古、山西、陕西、宁夏、甘肃、山东、江苏、安徽、浙江、河南、江西。

小黑鳃金龟

小黑鳃金龟成虫为害高粱、玉米、豆类、甜菜、马铃薯、蔬菜。分布于北京、内蒙古、吉林、辽宁、河北。

大云鳃金龟

大云鳃金龟3~4年完成1代，以幼虫越冬，6月下旬成虫始见，成虫趋光性较强。成虫为害松、杉、杨、柳等树叶，幼虫为害树苗、大田作物，灌木及牧草的地下茎和根，常造成很大危害。分布于黑龙江、吉林、辽宁、河北、山西、内蒙古、陕西、山东、江苏、安徽、浙江、福建、河南、云南、四川。

大皱鳃金龟

大皱鳃金龟2年发生1代，以幼虫和成虫隔年交替越冬。老熟幼虫7~8月羽化，当年不出土，在土中越冬，翌年早春上升地面，取食植物芽、叶及嫩茎。幼虫食害植物根皮，食性杂，对固沙植物危害极大。分布于内蒙古、陕西、宁夏、甘肃。

黑皱鳃金龟

黑皱鳃金龟成虫体中型，长15~16毫米，宽6~7.5毫米，黑色无光泽，刻点粗大而密。2年完成1代，以成虫、幼虫越冬。成虫白天活动，以中午12时至下午2时活动最盛。卵多产于大豆、小麦、玉米、高粱、马铃薯等作物中，严重为害玉米、高粱、谷子等禾本科作物和豆类、花生以及块根、块茎类作物，常造成缺苗断垄。分布很广，内蒙古、黑龙江、吉林、辽宁、河北、山西、陕西、山东、安徽、河南、湖南、江西、台湾均可见。

中华弧丽金龟

中华弧丽金龟1年发生1代，为我国北方地区重要地下害虫之一。成虫

杂食性，可取食19科30多种植物。幼虫严重为害花生、大豆、玉米、高粱等大田作物。分布于内蒙古、黑龙江、吉林、辽宁、河北、山西、陕西、宁夏、甘肃、山东、江苏、安徽、浙江、福建、河南、湖北、广东、广西、贵州、台湾。

苹毛丽金龟

苹毛丽金龟成虫体为卵圆形，长10毫米左右。头胸背面紫铜色，并有刻点。鞘翅为茶褐色，具光泽。由鞘翅上可以看出后翅折叠之"V"字形。腹部两侧有明显的黄白色毛丛，尾部露出鞘翅外。后足胫节宽大，有长、短距各1根。1年发生1代，以成虫越冬，成虫3月下旬至5月中旬出土，白天活动，无趋光性，是我国东北西部防护林带的主要害虫之一。成虫可食害11科30余种植物，喜食嫩叶和花，幼虫以腐殖质植物须根为食，一般危害不显著。分布于内蒙古、黑龙江、吉林、辽宁、河北、河南、山西、山东、江苏、安徽、四川。

阔胸禾犀金龟

阔胸禾犀金龟在华北地区2年完成1代，以幼虫、成虫越冬。是东北、华北地区主要的地下害虫，喜保水肥碱性土壤。幼虫为害大麦、小麦、高粱、大豆、白薯、花生、胡萝卜、白菜、葱、韭菜等地下的根、茎。分布于黑龙江、吉林、辽宁、河北、山西、陕西、内蒙古、宁夏、甘肃、青海、山东、江苏、浙江、河南。

赤斑花绒金龟

赤斑花绒金龟别名乡锈花金龟、褐锈花金龟。成虫食害苹果、梨、棉花、麻栎、榆树、柏树、松树、农作物和林木的花和嫩枝芽。分布于内蒙古、黑龙江、河北、江苏、安徽、河南、江西、四川；俄罗斯、日本、朝鲜也有分布。

萤 火 虫

晋朝时，有一位叫车胤的人，从小爱读书。可是他家里很穷，买不起灯油。夏天晚上，他看到萤火虫，就捉了许多装在一个袋子里，挂在墙上，成了一盏灯。他借萤火虫的光彻夜苦读。1898 年，美国军队在古巴打仗，一位医生正给伤兵做手术，灯忽然灭了。他就用一瓶萤火虫作光源，成功地完成了这次手术。而西印度群岛的人夜晚在丛林中行走，就捉一只很大的萤火虫缚在脚趾上，借它的光照路。萤火虫能发光、能照明，已经是人尽皆知的常识了。

萤火虫为什么能发光呢？这个谜近年来才被科学家逐渐揭开。原来，萤火虫有一个发光器，在腹部的最后3 节。它的构造很精巧，里面有几千个发光细胞，发光细胞的表皮是透明的，内部含有两种物质：荧光素和荧光酶。荧光素与氧化合，能发出光来；荧光酶是催化剂，能促使荧光素与氧化合。科学家做过一个实验：把许多只萤火虫的发光器取下来，干燥后研成粉末。把这些粉末放在玻璃皿中，用水掺和，就发出一种淡黄色光。但是过一会儿，光就熄灭了。如果加进一点三磷酸腺苷溶液，又会发出光来，而且更加明亮。把这种混合物涂在手指上，能把文件和地图照亮到看得清的程度。萤火虫大约有1500 多种，发光的强度和颜色各不相同。有的发出短暂的浅黄色光，有的每隔几秒钟发出一次橘红色光，还有的发翠绿色光、浅蓝色光，还有一些萤火虫喜欢合群，一起闪亮，一起熄灭，十分壮观。萤火虫发光，

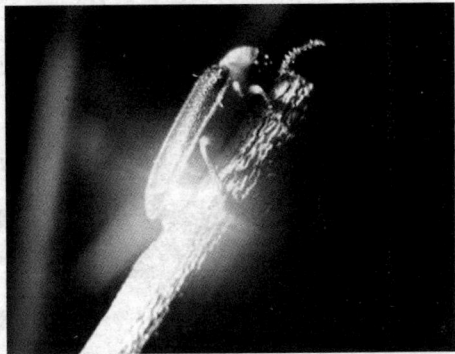

115

还有求偶的作用，流萤就是在追逐异性哩！

萤火虫发出的光一点不热，所以叫"冷光"。这是化学能直接变为可见光，发光效率达97%以上。

古时候有"腐草化萤"的说法，说萤火虫是烂草变的。其实，萤火虫和其他昆虫一样，也是卵生的，它们喜欢在潮湿腐烂的草丛中产卵，卵很微小，不容易看到。幼虫从卵里孵化出来，经过蛹的阶段，再成为成虫。萤火虫专门吃蜗牛和钉螺。它头顶上有一对颚，弯起来成一把钩子，钩子里有条钩槽。钩子像头发一样细小，很尖利，很像注射器的针头，叫作口针。

独角仙

独角仙又名兜虫，在分类上属于鞘翅目兜虫科。成虫体形壮硕巨大，圆筒状，全身黑亮，雄虫头上长有像犀牛那样的长角，前胸背板上还长有一只刺壮短角，全身披着角质化的硬翅，这种形似坦克状的甲虫，爬行起来威风凛凛，一表"虫才"。在中国台湾省和日本，独角仙常是宠物商店中的宠儿，深受小朋友们的喜爱，不少昆虫爱好者见了也爱不释手，常把它们制作的标本作为艺术品欣赏；在国际上，常是收购的对象，人们竞相收藏玩赏。

独角仙是完全变态的昆虫，幼虫乳白色，生活于土中，专吃植物的根和块茎，并在土中化蛹，每年1代。成虫常在树干和叶柄基部嚼食，有时一直吃到树心，造成整枝枯萎死亡。在台湾有一种独角仙，当地人称之为"犀角金龟"，常在椰树上为害，造成大片椰林被毁。对于人类而言，它们也是害虫。

瓢　虫

瓢虫因为它的形状很像用来盛水的葫芦瓢，所以叫它瓢虫。许多瓢虫的幼虫和成虫，是吃吹绵蚧壳虫、蚜虫、壁虱等害虫的能手，因此，人们称瓢虫为"活农药"。瓢虫长得圆鼓鼓的，黄豆那么大，背上有两层翅膀，上层是坚硬的鞘翅，下层是薄膜的软翅，颜色鲜艳多彩，有形形色色的斑纹，因此也有人叫它"花大姐"。瓢虫是肉食性昆虫，主要捕食蚜虫、介壳虫等小型昆虫，是植物忠诚的铁甲卫士。现在人们常用瓢虫来防治为害农作物的蚜虫。七星瓢虫、小红瓢虫和异色瓢虫都是捕食蚜虫和介壳虫的益虫。

瓢虫有 100 多种，类别有益、害之分。鞘翅上闪光亮晶的，是有益的瓢虫；鞘翅上有密集的绒毛的，是有害的瓢虫。有趣的是，益、害瓢虫之间是各据各的地盘，互不干扰，即使强迫它们交配，也只能孵出第一代杂种，第二代就没有繁殖能力了。绝大部分种类的瓢虫，都是在树根底泥土里 15～30 厘米的深处集合在一起共同过冬，到了第二年春暖花开的季节，它们就破土而出，全体出动。有时在暖和的阳光照耀下，成群的瓢虫，熙熙攘攘地爬来爬去。从这以后，有益的瓢虫就开始歼灭害虫了。

七星瓢虫

七星瓢虫体长 5～7 毫米，卵圆形，背面拱起像半个球，背上有 7 个黑斑。喜欢成群地迁飞，我国北戴河边，每年 5～6 月，被瓢虫遮盖，成为一大片红色。七星瓢虫以成虫在土石块下、墙缝内越冬。1 年发生多代。以成虫过冬，次年 4 月出蛰。产卵于有蚜虫的植物寄主上，以棉蚜、麦蚜、菜蚜、桃蚜、槐蚜、松蚜、杨蚜等为食，是害虫的天敌。分布在我国东北、

华北、华中、西北、华东和西南等一些省区；另记载于蒙古、朝鲜、日本、俄罗斯、印度及欧洲地区。

十一星瓢虫

十一星瓢虫成虫飞翔能力强，具有明显的群集越夏特性。冬季成虫栖息在树皮缝隙中或枯枝落叶下，在-15℃的气温下，成虫仍能安全越冬。捕食麦蚜、棉蚜、艾蒿蚜等。分布于河北、山东、山西、陕西、甘肃、新疆；欧洲，非洲北部。

茄二十八星瓢虫

茄二十八星瓢虫是茄科植物的主要害虫，寄生于马铃薯、茄子、番茄、青椒等茄科蔬菜及黄瓜、冬瓜、丝瓜等葫芦科蔬菜，以茄子为主，此外，还见为害白菜。成虫和幼虫食叶肉，残留上表皮呈网状，严重时全叶食尽，此外尚食瓜果表面，受害部位变硬，带有苦味，导致产量和质量降低。分布于内蒙古、河北、陕西、山东、江苏、安徽、浙江、福建、河南、江西、广东、广西、云南、四川、台湾。

马铃薯瓢虫

马铃薯瓢虫在东北、华北、山东等地每年发生2代，江苏发生3代。其为害马铃薯、茄子、番茄、瓜类。成虫和幼虫均取食同样的植物，取食后叶片残留表庚，且成许多平行的牙痕。也能将叶吃成孔状或仅存叶脉，严重时全田如枯焦状，植株干枯而死。主要分布于我国的北方，包括东北、华北和西北等地。

多异瓢虫

多异瓢虫有 100 多种，以成虫在土块下、土中以及墙缝内越冬。捕食棉蚜、麦蚜、豆蚜、玉米蚜、槐蚜等。捕食性和寄生性天敌的联合作用成功地消除了蚜虫的危害。分布于北京、内蒙古、吉林、辽宁、河北、山西、宁夏、新疆、山东、福建、河南、云南、四川、西藏。

六斑显盾瓢虫

六斑显盾瓢虫雌虫体长 2.7~3.2 毫米；体宽 1.9~2.3 毫米。卵形，拱起，体黑色。前胸背板两侧有 1 个橙黄色斑，鞘翅上各有 3 个橙黄色斑，因此而得名。雄虫为额橙黄色；前胸背板前缘有黄色带，将两斑相连。捕食麦蚜、麦二叉蚜、蓟菜蚜。分布于内蒙古、黑龙江、辽宁、河北、山西、山东、河南。

方斑瓢虫

方斑瓢虫体长 3.5~4.5 毫米；体宽 2.5~3.6 毫米。头部黄色或有黑斑，少数全为黑色。捕食林木、果树、菜园、大田作物上的蚜虫、粉虱。分布于内蒙古、黑龙江、辽宁、陕西、甘肃、新疆、江苏。

天　牛

天牛俗称"锯树郎"，种类很多，大小不一。全世界约有 2 万种，我国超过 2000 种。天牛有牛劲，力气大，颜色形态各式各样，但它们对植物的危害是相同的。天牛以植物的皮、花、芽、叶、花粉等为食。幼虫蛀食茎干，造成植物枯萎，是林业上的大害虫。雌虫常把卵产在树干的裂缝里，待卵孵化后，幼虫钻入茎内或树心，穿凿洞穴，造成危害。天牛的幼虫为黄白色，肥长无脚，体形弯曲，是啄木鸟最爱吃的食物之一；在北美洲的印第安人以及我国云南、台湾等地的少数民族，十分嗜食天牛幼虫。天牛一般以幼虫越冬，

或以成虫在蛹室内越冬，即上一年秋、冬之际羽化的成虫，留在蛹室内到第二年春、夏间才出来。成虫的寿命一般不长，十几天到一两个月，但在蛹室内越冬的成虫可能达到七八个月。

在许多地区，要数星天牛最为常见。此虫体长约 4 厘米，体型壮硕黑亮，翅鞘上有白色斑点，十分醒目。触角呈丝状，黑白相间，长约 10 厘米。有趣的是当你抓住它时，会发出"嘎吱嘎吱"的声响，企图挣脱逃命。如若在其脚上缚一细线，任其飞翔，还能听到"嘤嘤"之声呢。天牛的玩法很多，如天牛赛跑、天牛拉车、天牛鱼、天牛赛叫等，比起目前充斥市场的电动玩具来，玩这种"自然宠物"要有趣得多。

世界上最大的甲虫

亚马孙巨天牛和大牙天牛是世界上最大的甲虫。它们身长 18 厘米。大牙天牛的角（长颚）是专为切割树枝所设计的，当它用锐利的角钩住枝条后就绕着树枝 360°旋转，直至把树枝锯断为止。

大牙土天牛

大牙土天牛又名大牙锯天牛，1 年发生 1 代，以幼虫在土壤中越冬，成虫7 月中下旬出现，在降雨后大量从土中钻出，而后交尾，1 只雄虫与多只雌虫交尾，雄虫交尾后死亡，雌虫产卵后死亡。在下过大雨后或在梅雨季前后，会大量爬出地面，似乎不太会飞行，雌虫产卵于土里，幼虫摄食禾本科作物的根茎。分布于内蒙古、辽宁、河北、山西、陕西、甘肃、山东、四川。

锯天牛

锯天牛体长 32~45 毫米，2~4 年完成 1 代。幼虫生活在衰弱的树内和砍伐后的树根内。成虫出现于春、夏两季，生活在低海拔以下林区。为害松、柳杉、冷杉、云杉、扁柏、苹果、柳、槐、榆、山毛榉。分布于内蒙古、北京、黑龙江、吉林、辽宁、河北、浙江、江西、四川、台湾。

褐幽天牛

褐幽天牛为害日本赤松、马尾松、华山松、油松、柳杉、杨树、榆树、栎树、日本扁柏、桧、冷杉、白皮松、柚属植物。主要分布于内蒙古阿拉善盟（阿拉善左旗贺兰山）、黑龙江、吉林、辽宁、陕西、江西、云南；欧洲、朝鲜、俄罗斯（西伯利亚、库页岛）也有分布。

松幽天牛

松幽天牛为危险的入侵害虫，我国动物检疫重点防范对象。主要以幼虫蛀干为害落叶松，幼虫切断疏导组织，使整株落叶松树死亡。为害红松、鱼鳞松、日本赤松、华山松、油松、云杉。分布于内蒙古阿拉善盟（阿拉善左旗贺兰山）、黑龙江、吉林、河北、陕西、新疆、山东、浙江。

云杉小墨天牛

云杉小墨天牛1年发生1代，以老龄幼虫越冬，次年5月化蛹，成虫于6月中旬产卵。幼虫蛀食木质部，形成如指状粗大虫道，木材失去利用价值，成虫补充营养时啃咬树枝韧皮部，影响立木生长。是内蒙古大兴安岭林区兴安落叶松最主要的木材害虫，可以侵害活立木、衰弱木、倒木，使树木的价值降低，是危害性很大的害虫。分布于内蒙古、黑龙江、吉林、辽宁、山东。

青杨楔天牛

青杨楔天牛是我国华北、西北等地区杨树的主要枝梢害虫。1年发生1代，以老熟幼虫在枝杆的虫瘿中越冬。青杨楔天牛形成的虫瘿对枝梢的连年生长量影响时间长，影响量大，为害山杨、毛白杨、小叶杨、箭杆杨、银白杨、黄华柳、白柳、青冈柳。分布于内蒙古、吉林、辽宁、河北、陕西、甘肃、山东、江苏、河南。

鳞翅目昆虫

蝴　　蝶

　　蝴蝶种类特别多，全世界有 14 000 多种，大部分分布于美洲，尤以亚马孙河流域为最多；我国有 1300 多种，分别隶属于弄蝶、凤蝶、绢蝶、粉蝶、灰蝶、喙蝶、眼蝶、斑蝶等科。蝴蝶一般色彩鲜艳，翅膀和身体有各种花斑，头部有一对棒状或锤状触角（这是和蛾类的主要区别，蛾的触角形状多样）。最大的蝴蝶展翅可达 24 厘米，最小的只有 1.6 厘米。蝴蝶是美丽的，蝶翅上的天然色彩是自然界无与伦比的美的"宝库"，将它配置得体的图案花纹，应用在绘画、工艺美术和纺织品设计等方面，会绘制出多少精美的艺术品啊！

　　蝴蝶虽小，翅薄力单，却能飞渡重洋，到千里之外的大海彼岸去。关于千百万只美丽的蝴蝶成群结队地飞

越海峡、海洋的"迁徙事件"，不仅在神话故事里，在中外的历史和科学书刊中均有记载。迁徙飞行是某些种类的蝴蝶所具有的一种特性。每次参加飞行的蝴蝶数量都有成千上万，最多的能达数十亿。一般只有单一种类的蝴蝶，有时也有两三种蝴蝶的混合编队。迁徙的距离不等，短的百千米，长的可以横渡大洋，国际旅行。例如，1935 年曾有大群蝴蝶从墨西哥飞迁到加拿大和阿拉斯加，行程达 4000 千米。又一次数万粉蝶从南美的委内瑞拉陆地飞向大洋，浩浩荡荡，一望无际，场面极其壮观。据文献记载，我国蝴蝶的迁徙飞行，大都发生在云南、广西两省。最近的一次发生在 1933 年，当时报纸曾报道说："民国二十二年五月二日正午天阴，云南昆明距市东方 40 千米之大板桥，忽有白蝶数千万漫天蔽野，由东面飞来，遍布于该镇之田亩林木及屋角墙壁等处，白茫茫毫无空隙……此蝶群休息 2 小时后，又行飞起……"

小小蝴蝶为什么竟有这么强的飞翔能力呢？这同它们翅膀的发达分不开。一般蝴蝶翅膀面积都要大于它身体的十几倍，稍稍扑动就能产生很大浮力。特别薄的一层翅膜上布满许多纵向的"翅脉"，犹如牢固的骨架。前后两对蝶翅分别长在它的中胸和后胸上，这里胸壁坚厚，肌肉强健，富有弹性，因此能省力地鼓动双翅长途旅行。当然，蝴蝶翅膀再发达，想要一连几十小时不停顿地越洋过海，仍是困难的。除了中途在大洋中寻找岛屿歇息外，恐怕还要靠它们的滑翔本领。有的蝴蝶从高空飘然下降时，能张开双翅，颇有点顺风行帆的意思。由于蝴蝶大迁徙的次数很少，所以人们一般很难见到。那么，蝴蝶远渡重洋去干什么呢？去传播花粉？还是去觅食、游览、"谈恋爱"？至今仍是昆虫学界的一个谜，目前只能解释蝴蝶具有"迁徙飞行"的习性。

凤蝶

在蝴蝶王国中，凤蝶是当之无愧的最美丽的蝴蝶。凤蝶的翅上，有红、黄、蓝、黑、白各种颜色，五彩缤纷，争妍斗奇，它们构成多姿多彩的斑纹，发出金属般的光泽。世界上最大的蝴蝶是南美凤蝶，体长可达 90 毫米，翅展 270 毫米，相当于一种中等体型的鸟类的翅展。在我国，最大的凤蝶的翅展也达 150 毫米。全世界的凤蝶达 850 余种，我国有近百种，其中的 2/3 分布

在云南。著名的凤蝶有中华虎凤蝶、晕翼凤蝶、翼凤蝶、花椒凤蝶，以及生活在云南大理天池的褐凤蝶。

凤蝶善于飞行。体被鳞片和短毛。口器特化成虹吸式口器，平时呈螺旋状卷曲，吮吸花蜜时可伸直。完全变态，1 年繁殖 1～2 代，卵球形，分散在叶片上。有些凤蝶的幼虫芽一胸节背面有一个分叉的臭角，触动时即突然伸出，并能发出臭气，为凤蝶独有的特征。凤蝶在遇到敌害时，会把臭角翻出体外，与此同时散发出一种臭气，以此来抵御来犯者。

蛾

与蝴蝶相似，体型肥大，触角细长如丝，翅面灰白，静止时，翅左右平放，常在夜间活动，有趋光性。

麦蛾

麦蛾为小型蛾类。北方地区每年发生 2～3 代，以老熟幼虫在粮粒内越冬。幼虫蛀食谷物、麦类、粟及豆类，被害籽粒内部大部分被蛀空，严重影响种子的发芽率，是一种严重的初期性储粮害虫。全国大部分地区均有分布。

榆织叶蛾

榆织叶蛾在内蒙古赤峰市地区 1 年发生 1 代，幼虫在树干下疏松表层土内结薄丝茧化蛹越冬。幼虫为害榆树叶，受害榆叶叶片织卷枯黄，造成榆叶的早期落叶，树势衰退，重者枯死。分布于内蒙古、吉林、辽宁。

米仓织蛾

米仓织蛾1年发生1代。多在陈粮、粮脚、碎屑尘芥杂物中发生，喜食大米，在纯净的粮内发生较少，幼虫常群集在包装物内、地板下及各种阴暗的缝隙结厚丝茧越冬。为害储藏谷物、干果及干燥的动植物性产品，尤其是大米。除甘肃、青海、新疆和西藏外均有分布。

稠李巢蛾

1年发生1代，以幼龄幼虫在卵壳覆盖物下越冬。翌年4月下旬稠李发叶时出现，群集于新芽和嫩叶上为害，并吐丝缀叶成巢，幼虫在巢内将嫩叶食光后再更换新叶重新做丝巢，继续为害。危害严重时，只见树上一个个丝巢，而见不到1个完整叶片。6月中旬老熟幼虫在丝巢内结茧化蛹。6月下旬至7月上旬成虫羽化。成虫产卵于当年生枝条芽附近。成虫有趋光性。

苹果巢蛾

苹果巢蛾又名苹果黑点巢蛾，属鳞翅目巢蛾科。1年发生1代，幼龄幼虫在树枝的卵鞘下越冬。第二年苹果树发芽时，幼虫潜入幼嫩叶中为害。幼虫为害苹果、乌荆子和其他禾本蔷薇科植物。幼虫稍大后于枝梢吐丝结网在巢里为害，常群集数十只至百只头集中暴食叶片，受害严重时，树冠仅残留枯黄叶片挂在网巢中，状似火烧。一般在管理粗放的丘陵、山区果园发生较重。分布于我国北方地区。

杨银纹潜蛾

杨银纹潜蛾属鳞翅目，叶潜蛾科。1年发生2～3代，蛹或成虫在枯枝落叶下越冬。卵孵化后，幼虫咬破叶的表皮，潜入叶肉为害，在叶脉之间蛀成蜿蜒潜痕，潜痕较宽，银白色，为害小青杨、小叶杨、加拿大杨、朝鲜杨、中东杨、北京杨；苗木

和幼树受害最重。分布于内蒙古、黑龙江、吉林、河北、山西、甘肃、山东、河南。

小菜蛾

小菜蛾具备典型的昆虫进化优势：①体小，只要有少量食物就能存活，易于躲避敌害。②生活周期短，取食甘蓝的，气温28～30℃时，完成一代最快只要10天。③繁殖能力强，每雌产卵量平均220粒，卵散产。④越冬代成虫产卵期可达90天，这样就造成严重的世代重叠，防治困难。⑤生态适应性强，冬天能挺过短期−15℃的严寒，在−1.4℃的环境中还能取食活动。夏天能熬过35℃以上酷暑，只有夏天的暴雨能大量地杀死它们。⑥抗药性强，由于长年使用化学农药防治，大量杀伤天敌，小菜蛾为害日甚一日，并且很快对各类化学农药产生了极高的抗性，20世纪90年代许多地方面对小菜蛾猖獗，无药可治。由于发生面积大，为害时间长，防治困难，小菜蛾逐渐取代菜青虫而成为蔬菜第1号害虫。

蒙古木蠹蛾

蒙古木蠹蛾在内蒙古地区2年完成1代，幼虫在第一年为害的树干内越冬。成虫羽化后，白天多在被害株的枝、干上隐蔽处静伏不动，黄昏后开始飞翔，交尾，有趋光性。幼虫为害旱柳、垂柳、龙爪柳、小青杨、北京杨、欧洲杨、加拿大杨、家榆、刺槐、山荆子、稠李和丁香。内蒙古、黑龙江、吉林、辽宁、河北、陕西、山东等地有分布。

沙柳木蠹蛾

沙柳木蠹蛾在陕西榆林地区4年完成1代，幼虫在蛀道内越冬。为害沙柳、沙棘、毛乌柳、柠条、小红柳、踏郎等，使被害林木生长受阻，木材工艺价值降低，甚至完全丧失。沙柳木蠹蛾幼虫一生均在根部危害。小木蠹蛾幼虫的危害较集中，常聚集数十只乃至数百只于树干内，形成较大的空心。木蠹蛾成虫繁殖量大、分布广。幼虫脂肪含量高，耐饥能力特别强，如榆木蠹蛾幼虫绝食后寿命可达400多天。分布于内蒙古、陕西、宁夏、甘肃、新疆。

小木蠹蛾

小木蠹蛾幼虫为害榆树、美国白蜡、构树、丁香、元宝枫、白榆、国槐、银杏、柳树、麻栎、苹果树、海棠、山楂、桎树、冬青、卫茅、白玉兰、悬铃木、香椿、榆叶梅、麻叶绣球等。分布于内蒙古、北京、天津、上海、黑龙江、吉林、辽宁、河北、陕西、宁夏、山东、江苏、安徽、福建、湖南、江西。

梨叶斑蛾

梨叶斑蛾又叫梨星毛虫，幼虫俗称梨狗子。1 年发生 1 代，幼虫在树皮缝隙间结茧越冬。第二年春季吐丝黏合嫩叶并隐藏其间取食叶片和花蕾。为害梨、苹果、沙果、海棠、李、杏、桃、樱桃、山楂、枇杷叶。梨树展叶后，幼虫转移为害嫩叶，先吐丝将叶片缀成卷筒，似饺子状，然后潜入其中啃食叶肉。被害叶残留一层表皮和叶脉，并逐渐变黄干枯，造成早期落叶。全国大部分地区有分布。

小黄卷叶蛾

小黄卷叶蛾在华北地区每年发生 2~3 代，幼龄幼虫潜藏于老树皮内越冬。为害苹果、梨、山楂、桃、李、杏、柑橘、榆、杨、刺槐、雪杨、丁香、石榴、茶、柳、荔枝、樱桃、柿、大豆、花生。全国各地（除云南、新疆及西藏外）均有分布。

绿尾大蚕蛾

绿尾大蚕蛾，又叫水青蛾、燕尾蛾、长尾蛾。鳞翅目，大蚕蛾科，绿尾大蚕蛾属。成虫体长 35~40 毫米，翅展 122 毫米左右；体表具有深厚白色绒毛，翅粉绿色，前翅经前胸紫褐色，翅中央有一眼状斑纹，后翅尾状突起，长40毫米。1年发生2代，为害苹果、梨、杏、樱桃、核桃、沙果、柳、栗、乌桕、木槿、樟。此虫幼虫食叶量大，常将树叶吃光，严重影响树的生长。分布于内蒙古、北京、辽宁、河北、山东、浙江、福建、河南、湖北、江西、广东、广西、台湾。

丁目大蚕蛾

丁目大蚕蛾属鳞翅目，大蚕蛾科。为害桦树、栎、山毛榉、桤木、榛、椴。分布于内蒙古、黑龙江、吉林、陕西以及日本、朝鲜、前苏联的部分地区。

醋栗尺蛾

醋栗尺蛾别名醋栗斑尺蠖、醋栗尺蠖，鳞翅目尺蛾科昆虫。1年发生1代，以蛹越冬。成虫7~8月份出现。为害醋栗、乌荆子、李、杏、桃、稠李、山榆、红柳、紫景天等多种植物。分布于上海、黑龙江、吉林、辽宁、河北、内蒙古、山西、陕西、甘肃。

李尺蛾

李尺蛾属鳞翅目尺蛾科，以幼虫越冬，成虫6~7月份出现。为害李、桦、乌荆子、樟、落叶松、山楂、榛、千金榆、稠李等树木和果树。分布于北京、黑龙江、吉林、河北、山西、内蒙古、山东。

沙枣尺蛾

沙枣尺蛾又称春尺蛾、桑尺蛾、榆尺蛾、杨尺蛾、柳尺蛾。内蒙古地区1年发生1代，以蛹越冬。幼虫杂食性，为害小叶杨、加拿大杨、北京杨、旱柳、沙枣、家榆、柠条、家桑、桎柳、银白杨、洋槐、家杏、苹果、复叶槭。为多食性害虫。发生期早，幼虫发育快，食量大，常暴食成灾，是我国北部地区主要食叶害虫之一。分布于内蒙古、河北、陕西、宁夏、甘肃、新疆、河南。

油茶尺蛾

油茶尺蛾是油茶的首要害虫，危害严重时可食尽全株叶片，使茶籽尚未成熟时油茶果即干枯脱落，连续 2 ~ 3 年受害，可使油茶树枯死，并危害油桐、乌桕、茶、马尾松等 10 余种树木。1 年发生 1 代，以蛹在茶树周围的疏松土内越冬。2 月中旬至 3 月下旬气温达 8℃时羽化出土、交尾、产卵，3 月下旬幼虫孵化，4 月上旬到 6 月上旬是幼虫危害期，6 月上中旬老熟幼虫下树入土化蛹越夏、越冬。成虫有趋光性，抗寒能力强，产卵多，食量大。分布于江西、湖北、湖南、广西、台湾。

刺槐眉尺蛾

刺槐眉尺蛾 1 年发生 1 代，以蛹在土茧内越夏、越冬。2 月下旬至 4 月下旬成虫羽化；4 月上旬至 6 月下旬为幼虫期；4 月中旬至 5 月中旬是主要危害期；5 月中旬开始下树，下旬为盛期；6 月上、中旬结束；7 月下旬至 8 月中旬化蛹，蛹期约 8 个月。该虫天敌众多，包括寄生蜂、捕食性昆虫、白僵菌及鸟类等。为害刺槐、黄栌、杜仲、银杏、苦楝、漆树、楸、杨、枣、栗、核桃等多种树，以及粮食甚至蔬菜作物。具有爆发成灾特性。分布于陕西、内蒙古等地。

槐尺蛾

槐尺蛾 1 年发生 3 ~ 4 代，以蛹越冬。在陕西 4 ~ 5 月间成虫羽化。幼虫发生盛期为 5 月下旬、7 月中旬、8 月下旬、10 月上旬。幼虫为害中槐，常将叶片食尽。食料不足时，也少量取食刺槐。分布于北京、河北、山东、江苏、浙江、江西、台湾、陕西、甘肃、西藏和日本。

黄脉天蛾

黄脉天蛾 1 年发生 1 代，以蛹越冬。为害马氏杨、小叶杨、山杨、桦树、椴树。分布于内蒙古、黑龙江、吉林、辽宁、新疆及华北、华西地区。

葡萄天蛾

葡萄天蛾成虫体长45毫米左右，翅展90毫米左右，体肥大呈纺锤形，体背有褐色纵线，前翅有绿褐色横带和斑纹。每年发生1~2代。以蛹于表土层内越冬。成虫白天潜伏，夜晚活动，有趋光性，于葡萄株间飞舞。卵多产于叶背或嫩梢上，单粒散产。为害葡萄、黄荆、乌蔹莓。分布于内蒙古、黑龙江、吉林、辽宁、浙江、河南、湖北、湖南、江西、广东、四川等地。

榆绿天蛾

榆绿天蛾又叫云纹天蛾。1年发生1代，以蛹越冬，第二年4月中旬出现越冬代成虫，产卵于叶背。第1代幼虫孵化后，蚕食叶片，老熟幼虫入土化蛹，6~7月间出现第1代成虫。第2代幼虫为害至10月间，先后老熟入土化蛹越冬。为害榆、刺榆、柳。以幼虫食害叶片。分布于内蒙古、黑龙江、吉林、辽宁、河北、山西、宁夏、山东、河南。

深色白眉天蛾

深色白眉天蛾别名茜草天蛾、猪秧赛天蛾，1年发生1代，以蛹越冬。成虫7~9月间出现。为害猫儿眼。分布于内蒙古、北京、黑龙江、河北。

沙枣白眉天蛾

沙枣白眉天蛾是一种危险性害虫，主要分布在沙枣树，啃食叶片影响树木光合作用，轻者造成树势衰弱，重者将造成整个树木死亡。1年发生1代，以蛹在土壤中越冬。分布于内蒙古、宁夏、新疆。

八字白眉天蛾

八字白眉天蛾别名白眉天蛾、白条赛天蛾，1年发生1代，以蛹在土中越冬。成虫5~7月出现。为害杨、柳、沙枣、猪殃属、柳穿鱼属、葡萄属、金鱼草属、酸模属及锦葵科植物。分布于内蒙古、黑龙江、河北、陕西、宁夏、浙江、湖南、江西、台湾。

豆天蛾

豆天蛾每年发生1~2代，一般黄淮流域发生1代，长江流域和华南地区发生2代。第一代幼虫以为害春播大豆为主，第二代幼虫以为害夏播大豆为主。以幼虫越冬，成虫昼伏夜出。为害大豆、洋槐、刺槐、藤萝、葛属及黎豆属植物。豆天蛾以幼虫取食大豆叶，低龄幼虫吃成网孔和缺刻，高龄幼虫食量增大，严重时，可将豆株吃成光杆，使之不能结荚。全国各地均有分布。

白薯天蛾

白薯天蛾1年发生1代，老熟幼虫在土壤中越冬。成虫8月份始现。为害白薯、牵牛花、旋花、扁豆、赤小豆。分布于内蒙古、河北、山西、山东、安徽、浙江、河南、广东、台湾。日本、朝鲜、印度等也有分布。

白边切夜蛾

白边切夜蛾1年发生1代，以卵越冬。幼虫杂食性，昼伏夜出，为害胡麻、豆类、甘蓝、高粱、玉米、甜菜、苍耳、车前、草地凤毛菊等。成虫有趋光性和趋化性。是内蒙古地区农作物苗期的主要害虫之一。分布于内蒙古、黑龙江、吉林、河北、四川。

棉铃实夜蛾

棉铃实夜蛾也叫棉铃虫，华北1年发生4代。以蛹在土中越冬。主要危害形式是蛀果，是番茄的大害虫。为害棉、玉米、小麦、大豆、烟、辣椒、茄、芝麻、向日葵、万寿菊、南瓜、苜蓿、荨麻。棉铃虫属喜温喜湿性害虫，在北方尤以湿度的影响较为显著，当月降雨量在100毫米以上、相对湿度

70%以上时危害严重。全国各地均有分布。

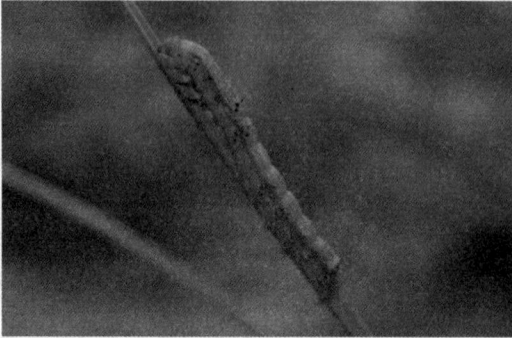

烟实夜蛾

烟实夜蛾又叫烟青虫。幼虫夜间活动，取食烟叶、嫩茎或蕾果。以蛹在土中越冬，成虫产卵于叶芽及心叶背面，同时还为害棉、麻、玉米、高粱、番茄、辣椒、南瓜。全国各地均有分布。

苜蓿实夜蛾

苜蓿实夜蛾1年发生1代，成虫有趋光性。幼虫为害棉、苜蓿、柳穿鱼、矢车菊、芒柄花。分布于内蒙古、黑龙江、河北、新疆、江苏、云南。

甘蓝夜蛾

甘蓝夜蛾每年发生2代，以蛹在土中越冬。成虫昼伏夜出，趋光性强，喜糖蜜。为害甜菜、高粱、豆类、荞麦、亚麻、白菜、甘蓝、烟草、藜等。分布于内蒙古、黑龙江、吉林、辽宁、华北、四川、西藏。

红棕灰夜蛾

红棕灰夜蛾属鳞翅目，夜蛾科。为害豆类、甜菜、苜蓿、胡萝卜、葱、荞麦等农作物及酸模、藜等植物。在北方1年发生2代，以蛹在土中越冬。5~6月为害春菜，8~9月为害豆类、甜菜及秋菜等。初孵幼虫群集，啃食叶肉和一面表皮，稍大后分散，食量增加，将叶片吃成孔洞和缺刻，严重时将叶肉吃光。成虫白天隐蔽，夜间活动，有趋光性。老幼虫有假死性。分布于内蒙古、黑龙江、河北、江苏、江西。

白毒蛾

白毒蛾别名械黑毒蛾、弯纹白毒蛾，1年发生1代，以幼虫卷叶越冬。成虫7月初出现。为害杨、柳、榆、桦、栎、山毛榉、苹果、山楂、鹅耳枥。分布于内蒙古、黑龙江、吉林、辽宁、浙江、云南、四川。朝鲜、日本、俄罗斯、欧洲有分布。

杉茸毒蛾

杉茸毒蛾别名冷杉毒蛾，1年发生1代，幼龄幼虫在枯枝落叶层中越冬。为害红皮云杉、鱼鳞云杉、冷杉、落叶松、红松、樟子松、侧柏。分布于内蒙古、黑龙江。

松茸毒蛾

松茸毒蛾又名松毒蛾、马尾松毒蛾、柳杉毒蛾、松毒毛虫，属鳞翅目毒蛾科茸毒蛾属，以幼虫结茧化蛹越冬，成虫有趋光性。为害油松、马尾松。该虫大发生时以幼虫大量取食针叶，被害林地树叶被食殆尽，重者造成松树枯死，严重影响林木的生长。分布于内蒙古、黑龙江、吉林、辽宁、江苏、浙江、江西、广东、广西。

拟杉茸毒蛾

拟杉茸毒蛾1年发生1代，以4~5龄幼虫越冬。为害落叶松、杉、栎、苹果。分布于内蒙古、黑龙江、辽宁。

折带黄毒蛾

折带黄毒蛾1年发生1代，以幼虫越冬。为害苹果、梨、樱桃、梅李、海棠、山里红、山楂、柿、蔷薇、柳、赤杨、赤麻、山漆、杉、柏、松、山丁子、榛、白桦、胡枝子、金丝桃、青蒿等。分布于内蒙古、黑龙江、吉林、辽宁、河北、陕西、山东、江苏、安徽、浙江、福建、河南、湖北、湖南、江西、广东、广西、四川。

黄斑草毒蛾

黄斑草毒蛾俗称草原毛虫，是牧业的大害虫。1年发生1代，幼虫在雌虫

茧内，于草根下、土壤裂缝内越冬。在青藏高原和内蒙古草原为害牧草，使草原植被成分改变，牧场质量降低，影响牲畜的发展。为害沙枣、骆驼蓬、细叶苔、牛毛毡、羽茅草、青稞、黄芪、棘豆、垂头菊、毛茛、兰芹和马兰等。幼虫对牲畜危害很大，家畜误食了带有此虫的牧草后，会发生中毒症状，甚至因中毒而死亡。分布于内蒙古、宁夏、甘肃、青海、四川、西藏。

舞毒蛾

舞毒蛾又名秋千毛虫、苹果毒蛾、柿毛虫，属鳞翅目，毒蛾科。1年发生1代，以卵越冬，第二年5月间越冬卵孵化，初孵幼虫有群集为害习性，长大后分散为害。7月中旬为成虫发生期，雄蛾善飞翔，日间常成群作旋转飞舞。对栎、柞、槭、椴、鹅耳枥、核桃、山杨、柳、苹果、杏、樱桃、山楂、棉、桑、红松、樟子松、落叶松、云杉、水稻、麦等500多种植物产生危害。分布于内蒙古、黑龙江、吉林、辽宁、河北、山西、陕西、宁夏、甘肃、青海、新疆、山东、河南、湖南、贵州。

古毒蛾

古毒蛾别名落叶松毒蛾、缨尾毛虫、褐纹毒蛾、桦纹毒蛾。1年发生1代，以卵越冬。为食叶类害虫，为害柳、杨、桦、榛、鹅耳枥、山毛榉、栎、梨、李、苹果、云杉、松、落叶松、花生、大豆等。幼龄主要食害嫩芽、幼叶和叶肉，食叶呈缺刻和孔洞，严重时把叶片食光。分布于内蒙古、黑龙江、吉林、辽宁、河北、山西、宁夏、甘肃、山东、河南、西藏。

角斑古毒蛾

角斑古毒蛾属鳞翅目，毒蛾科。别名赤纹毒蛾、杨白纹毒蛾、梨叶毒蛾、囊尾毒蛾、核桃古毒蛾。华北地区1年发生2代，内蒙古地区1年发生1代，幼虫在树干基部、落叶下、树皮缝内越冬。4月是幼虫的危害期，幼虫先吃叶肉，长大后啃食叶片，一般在早晚和夜间取食。为害苹果、梨、桃、杏、李、花楸、山楂、杨、柳等。分布于黑龙江、吉林、辽宁、河北、内蒙古、甘肃、河南。

豆盗毒蛾

豆盗毒蛾属鳞翅目，毒蛾科。东北1年发生1代，以卵越冬，6月下旬至7月中旬是幼虫危害盛期，7月下旬化蛹，蛹期15天，8月中、下旬羽化。为害茶、楸、豆类、柑橘。幼虫食叶成缺刻或孔洞，对所食植物造成危害。分布于内蒙古、黑龙江、吉林、辽宁、河北、山东、江苏、浙江、福建、江西、广东、四川。

雷毒蛾

雷毒蛾在内蒙古地区1年发生1代，1～2龄幼虫在枯枝落叶层中或树木的隙缝中越冬。是内蒙古人工杨树林的主要食叶害虫之一。为害杨、柳、榛、槭等。分布于内蒙古、黑龙江、吉林、辽宁、河北、山西、陕西、甘肃、青海、新疆、西藏。

小地老虎

小地老虎属鳞翅目，夜蛾科，别名土蚕、地蚕、黑土蚕、黑地蚕。内蒙古地区每年发生2代。幼虫昼伏夜出，咬断作物茎苗，成虫有趋光性，趋化性。晚上常飞于灯下。幼虫杂食性，主要为害玉米、高粱、小麦、豌豆、马铃薯及蔬菜等。小地老虎喜温暖及潮湿的条件，最适发育温区为13～25℃，在河流湖泊地区或低洼内涝、雨水充足及常年灌溉地区，如土质疏松、团粒结构好、保水性强的壤土、

黏壤土、沙壤土均适于小地老虎的发生。尤在早春菜田及周缘杂草多，可提供产卵场所；蜜源植物多，可为成虫补充营养。这样的情况下，将会形成较大的虫源，发生严重灾害。全国各地均有分布。

毛 虫

毛虫是鳞翅目（Lepidoptera）昆虫（蝶、蛾）的幼虫。体圆柱形，分13节，有3对胸足和数对腹足。头两侧各有6眼，触角短，腭强壮。粪便带毒。

柳毛虫

柳毛虫属于鳞翅目，枯叶蛾科，1年发生1代，以老熟幼虫群集于树枝的背阴处结茧化蛹。为害柳树。分布于内蒙古呼和浩特市、云南、四川。

赤松毛虫

赤松毛虫属于鳞翅目，枯叶蛾科，是一种害虫，1年发生1代，成虫7～8月份出现，4～5龄幼虫在树干基部树皮裂缝内或土中越冬。主要为害赤松。有些林区经常发生大规模的赤松毛虫灾害，导致松林大面积枯黄，甚至出现死树现象。分布于内蒙古哲里木盟（库伦旗）、河北、山东、江苏。

落叶松毛虫

落叶松毛虫属于鳞翅目，枯叶蛾科，内蒙古地区1年发生1代，幼虫在枯枝落叶层下越冬。成虫于6月下旬至7月中旬出现，有趋光性。体色变化较大，由灰白至棕褐色，前翅内横线、中线及外横线深褐色，外横线成锯齿状，翅展 69 ~ 85 毫米。幼虫为害落叶松、红松、臭冷杉、鱼鳞松、红皮云杉、樟子松。分布于北京、东北、内蒙古、新疆北部等。

油松毛虫

油松毛虫属于鳞翅目，枯叶蛾科。北方地区 1 年发生 1 代，以幼虫在石块及地面的枯枝落叶层下越冬。越冬幼虫于 4 月上旬日平均气温 5.7℃时，开始上树为害，6 月中旬结茧化蛹，7 月上旬开始羽化为成虫并开始产卵，7 月中、下旬出现幼虫，10 月中、下旬日平均气温达 3.6℃左右时，下树越冬。幼虫为害黑松、油松、华山松、马尾松。分布于内蒙古、河北、山西、陕西、河南、贵州、四川。

蚤

蚤属于昆虫纲、蚤目，是哺乳动物和鸟类的体外寄生虫。体小而侧扁，雌蚤长 3 毫米左右，雄蚤稍短，体棕黄至深褐色。有眼或无眼。全身多刚劲的刺。无翅，足长，善于跳跃。蚤两性都吸血，雌蚤的生殖活动更与吸血密切相关。通常一天需吸血数次，每次吸血 2 ~ 3 分钟，然后离去。雌蚤一生可产卵数百枚。蚤的寿命 1 ~ 2 年。全世界共记录蚤 2000 多种，我国已知有 454 种，其中仅少数种类与传播人畜共患病有关。

阿巴盖新蚤

阿巴盖新蚤在我国分布很广，几乎广泛分布于北方地区。宿主有达乌里黄鼠、长爪沙鼠、背纹仓鼠、短尾仓鼠、狭颅田鼠、银色高山鼠、黑线姬鼠、

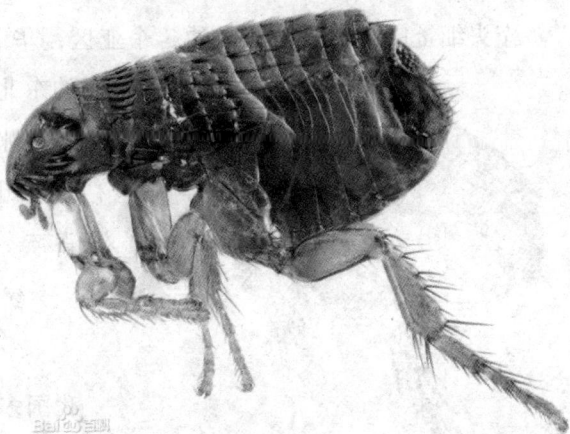

黄尾鼠兔、达乌里鼠兔、东北鼢鼠、艾鼬。据资料，国内曾从其体内分离出鼠疫杆菌，是黄鼠巢主要寄生蚤之一。内蒙古、黑龙江、吉林、辽宁、陕西、宁夏、甘肃、青海、四川等地有分布。

二齿新蚤

二齿新蚤宿主范围很广，为野栖、半野栖及家栖的多种啮齿类动物，有长爪沙鼠、黑线仓鼠、达乌里黄鼠、五趾跳鼠、小毛足鼠、田鼠、灰家鼠。内蒙古、黑龙江、吉林、辽宁、河北、山西、陕西、宁夏、甘肃、青海、山东、四川有分布。

近代新蚤东方亚种

近代新蚤东方亚种分布于古北界中亚亚界、蒙新区的东北草原亚区及西部荒漠亚区的东部。宿主有布氏田鼠、黄尾鼠兔、长爪沙鼠、子午沙鼠、黑线仓鼠、短尾仓鼠、褐家鼠、小家鼠。分布于内蒙古、黑龙江、吉林、山西、新疆。

圆指额蚤

圆指额蚤分布于东北区松辽平原亚区，华北区黄土高原亚区，蒙新区东部草原亚区和西部荒漠西区。宿主有五趾跳鼠、三趾跳鼠、蒙古羽尾跳鼠、长耳跳鼠、巨泡五趾跳鼠。分布于内蒙古、吉林、河北、山西、甘肃、新疆。

栉头细蚤

栉头细蚤广布整个东部区的 3 个亚区，华北区的黄土高原亚区和蒙新区的东北草原亚区。宿主有黑线姬鼠、大林姬鼠、黑线仓鼠、北方田鼠、东方田鼠。分布于内蒙古、黑龙江、吉林。

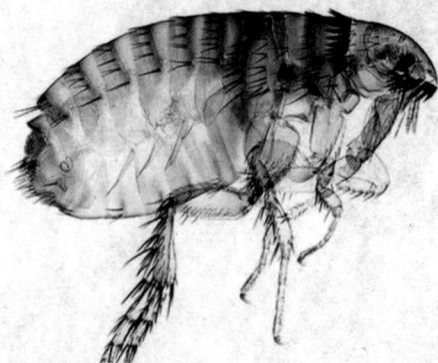

缓慢细蚤

缓慢细蚤是一种世界广布蚤，我国多见于东南沿海，华中、华南、西南以及东北。不喜咬人吸血。据国外资料，人工接菌疫苗感染率不高，主要寄生家栖鼠类。宿主有褐家鼠、小家鼠。分布于内蒙古、新疆、山东、江苏、福建、云南、四川。

长指怪蚤

长指怪蚤分布于森林草原地区，蒙新区东部草原亚区及西部荒漠亚区。宿主有银色高山鼠、长尾仓鼠、黑线仓鼠、鼠兔。内蒙古地防所曾从长指怪蚤体内分离出鼠疫杆菌，证明它有自然感染。分布于内蒙古、黑龙江、宁夏、甘肃。

喉瘟怪蚤

喉瘟怪蚤分布于蒙新区的东部草原亚区和青藏区的两个亚区。宿主有黄尾鼠兔、子午沙鼠。曾有实验从子午沙鼠的喉瘟怪蚤体内分离出鼠疫杆菌，证明它有自然感染。分布于内蒙古和青海。

阿拉斯山蚤

阿拉斯山蚤分布于东北区和蒙新区。宿主有蒙古旱獭、达乌里黄鼠。分布于内蒙古、黑龙江、河北、新疆。

谢氏山蚤

谢氏山蚤分布于蒙新区及青藏区。宿主有蒙古旱獭、狐狸、艾虎、香鼬、黄鼠。曾从本蚤体内分离出鼠疫杆菌，是鼠疫的主要媒介之一。分布于内蒙古、甘肃、青海、新疆、四川、西藏。

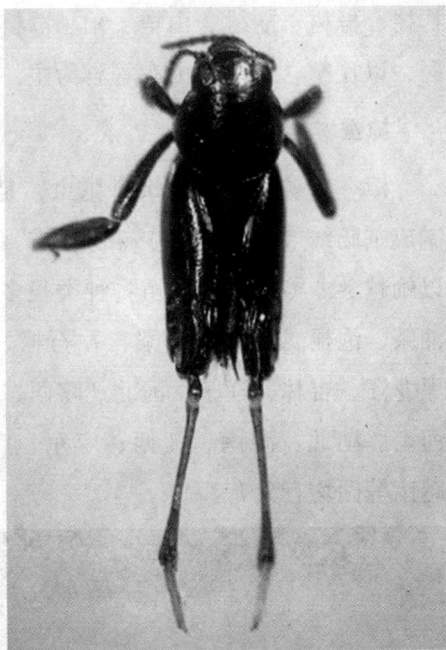

蚕

蚕，是蚕蛾的幼虫，丝绸原料的主要来源，在人类经济生活及文化历史上有重要地位。原产中国北部，主食为桑叶。茧是由一根长度为 300～900 米连续的丝织成的。家蚕的虫及蛹可以食用，并有食疗功效。成虫的蛾不能飞，它又被称为"蚕蛾"，只用于产卵以繁殖后代。因为其久远的历史和经济上的重要性，家蚕的基因已成为现代科学的重要研究对象。

柞蚕

柞蚕属鳞翅目大蚕蛾科，又称野蚕、槲蚕。一种吐丝昆虫，因喜食柞树叶得名。茧可缫丝，主要用于织造柞丝绸。中国是最早利用柞蚕和放养柞蚕的国家。柞蚕1年发生2代，成虫4～6月份出现，以蛹在丝茧内越冬。为害柞树、栎树、胡桃、山楂、柏、蒿柳。现在中国的柞蚕生产分布于10多个省区，以辽宁、河南、山东等省为主。

樟蚕

樟蚕为鳞翅目大蚕蛾科昆虫，是一种野生吐丝昆虫，又称枫蚕。其丝可制成蚕肠线（伤口缝线）和优质钓鱼丝，故称渔丝蚕。一化性，完全变态，以蛹越冬。樟蚕食叶的植物种类很多，主要为害樟桦、杨、板栗、榆、枇杷、油茶、泡桐、沙枣、沙梨、香石榴、野蔷薇、枫杨、樟等。分布于内蒙古、黑龙江、吉林、辽宁、河北、陕西、甘肃、山东、江苏、安徽、浙江、福建、河南、湖北、湖南、江西、广东、广西、海南、贵州、四川。印度、缅甸、越南等国均有分布。

蓖麻蚕

蓖麻蚕属鳞翅目，大蚕蛾科。原产印度东北部的阿萨姆邦，18世纪开始从印度传出，中国、美国、斯里兰卡、马耳他、意大利、菲律宾、埃及、日本、朝鲜等国先后引种饲养。以蓖麻、木薯、臭椿、乌柏、马桑等多种植物为饲料，但以蓖麻及木薯喂养产丝最多，丝质也好，可以作为绢纺原料，纺织高级的织物。蓖麻蚕蛹含有丰富的蛋白质、脂肪以及多种人体所必需的氨基酸和矿物质，是人类很好的保健食品。全国各地均有分布。

螟

螟虫，螟蛾的幼虫。主要生活在稻茎中，吃其髓部，为害很大。

二点织螟

二点织螟为鳞翅目，螟蛾科，是一种害虫。成虫有趋光性，于6～7月间出现。幼虫为害储藏粮食、谷物、杂草、苔藓。分布于内蒙古、北京、河北、广东、四川。

米缟螟

米缟螟是一种害虫。1年发生1～2代，幼虫在仓库的墙壁裂缝间或包装物的缝间越冬。在陈粮、粮脚及包装物内最多。幼虫为害禾谷类、粉类、油料、烟草、棉花、茶叶、种子、植物标本、动物标本、中药材、蚕丝、蚕蛹和蚕卵。全国大部分地区均有分布。

粉缟螟

粉缟螟是一种害虫。在我国北方地区1年发生1～2代，老熟幼虫在仓库上方的木板、木柱缝隙、地板、砖石、泥土下越冬。幼虫取食小麦、大麦、燕麦、玉米、豆类、面粉、豆饼、花生、干果、棉籽、麦麸、稻谷、药材等。全

国大部分地区均有分布。

茴香薄翅野螟

茴香薄翅野螟是一种害虫。幼虫吐丝卷叶取食心叶以及种芽，结种时则食害种荚；成虫在6~8月间出现，有趋光性，老熟幼虫在土内结茧越冬。幼虫为害油菜、萝卜、白菜、甜菜、茴香、甘蓝、盖菜。分布于内蒙古、黑龙江、河北、陕西、青海、山东、江苏、云南、四川。

菜心野螟

菜心野螟是一种害虫，为害甘蓝、白菜、萝卜、菠菜、花椰菜。幼虫喜食十字花科的蔬菜，幼虫在土中吐丝缀合泥土枯叶织成筒状丝质囊越冬。分布于内蒙古、北京、河北、陕西等地。

甜菜白带野螟

甜菜白带野螟是一种害虫，为害甜菜、藜、苋菜等。成虫白天潜伏，夜间活动。幼虫取食叶片。幼虫有吐丝卷曲叶片匿身的习性。分布于内蒙古、北京、黑龙江、吉林、辽宁、河北、山西、陕西等地。

豆卷叶螟

豆卷叶螟又叫豆条野螟、豆蚀叶野螟，为害大豆、豇豆、绿豆、红豆、鱼藤、薄荷、菜豆、扁豆。幼虫卷叶隐蔽取食叶片，大量出现后常常使叶片卷曲，影响生长；成虫白天不活动，夜间活动，有趋光性。分布于内蒙古、北京、河北等地。

豆荚野螟

豆荚野螟的幼虫为害菜豆、豌豆、豇豆、扁豆、绿豆、洋刀豆、大豆、玉米。成虫白天不活动，停在豆株下部，晚上活动，常飞于灯下。分布于内蒙古、北京、河北、山西、陕西、山东、江苏等地。

菜野螟

菜野螟是一种害虫，1年发生2代，幼虫吐丝结茧在土中越冬。幼虫为害白菜、萝卜、卷心菜、甘蓝等十字花科各种蔬菜，尤其喜欢移栽后的嫩苗，取食菜心之处使蔬菜不能发育。分布于内蒙古、黑龙江、河北、山西、陕西、山东等地。

麦牧野螟

麦牧野螟别名麦螟、芫螟、斑纹野螟、云杉螟、环纹螟，1 年发生 2 代，以幼虫越冬。幼虫为害苜蓿、紫花苜蓿、小麦、柳。分布于内蒙古、北京、河北、陕西、山东、江苏、河南、广东、云南、西藏、四川、台湾。

玉米螟

玉米螟俗称钻心虫，玉米等作物的重要蛀食性害虫。成虫白天躲藏在作物及杂草间，傍晚活动，交配。从北向南 1 年发生 1 ~ 7 代。幼虫杂食性，为害 200 多种植物，严重被害的有玉米、高粱、粟、大麦、黍子、芦苇、大麻、甘蔗、向日葵等，是农业生产上的大害虫之一。一般发生年会导致春玉米减产 10%、夏玉米减产 20% ~ 30%，大发生年可超过 30%。近几年对棉花的为害日渐加重。分布于内蒙古、黑龙江、吉林、辽宁、河北、山西、陕西、山东、江苏、安徽、浙江、福建、河南、湖北、湖南、江西、广东、广西、台湾。

棉卷叶野螟

棉卷叶野螟又名棉大卷叶螟。1 年发生 3 ~ 5 代，老熟幼虫在杂草及寄主植物枯叶、残株中越冬。幼虫为害棉、大陆棉、木槿、扶桑、秋葵、冬葵、锦葵、野棉花、梧桐。初孵幼虫仅吃叶肉，留下表皮，3 龄以后吐丝卷叶，隐藏叶内取食，虫粪排在卷叶内。该虫有更换虫苞的习性，盛发时树冠上可形成大量虫苞，后期把叶子吃成扫帚状，既影响生长，又严重破坏观赏。成虫白天停在棉叶背面的地方，夜间飞出活动交尾产卵，成虫有趋光性。分布于内蒙古、北京、河北、山西、陕西、山东、云南、贵州、四川、台湾等地。

异翅目昆虫

臭 虫

臭虫在我国古时又称床虱、壁虱，是一种非常不受人喜欢的昆虫。臭虫爬过的地方，都留下难闻的臭气，故名臭虫。它有一对臭腺，能分泌一种异常臭液，不过正是这种臭液可以帮助它防御天敌，吸引配偶。臭虫是以吸人血为生的寄生虫。若虫的腹部背面或成虫的胸部腹面有一对半月形的臭腺，能分泌一种有特殊臭味的物质，使它臭名远扬。全世界已知臭虫约有 74 种，但嗜吸人血的只有温带臭虫和热带臭虫两种。

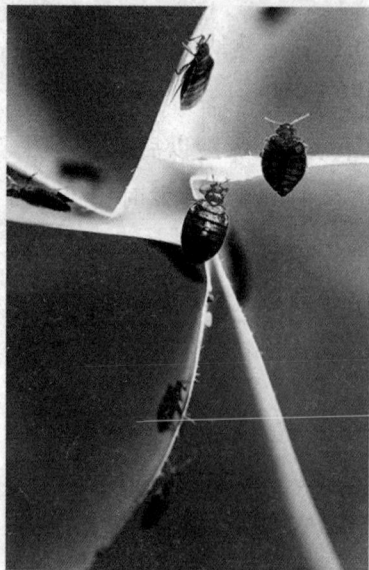

吸血的臭虫

臭虫一般都过着群居的生活，在适宜隐匿的场所，常常可以发现有大批臭虫聚集。不论雌、雄成虫，若虫，一到晚上，它们就偷偷地爬出来，凭借刺吸式的口器嗜吸人血；在找不到人血时，也吸食家兔、白鼠和鸡的血。臭虫吸血很快，5～10 分钟就能吸饱。人被臭虫叮咬后，常引起皮肤发痒，过敏的人被叮咬后有明显的刺激反应，伤口常出现红肿、奇痒，如搔破后往往引起细菌感染。

臭虫的生存习性

臭虫的繁殖能力极强，通常每次下卵一至数个，总数可达 100～200 个。在冬天，臭虫通常停止吸血和产卵。若虫得不到血食，可活 30 天以上，成虫得不到血食，通常可活六七个月。它们主要栖息在住室的床架、帐顶四角、墙壁、天花板、桌、椅、书架、被子、褥子、草垫、床席等的缝隙和糊墙纸的后面。所过之处经常留下许多褐色的粪迹。臭虫会传播多种疾病，如回归热、麻风、鼠疫、小儿麻痹、结核病、蛔虫病、东方疖、黑热病等。

温带臭虫

温带臭虫是吸血昆虫。白天它们栖息在室内缝隙中，夜间出没，吸吮人血，一次吮血量常常比它自身还重，得不到人血时也吸食兔、鼠的血。人被叮咬后，皮肤红肿，痛痒难忍，如搔破，带入细菌，还可以引起溃疡。全国各地均有分布。臭虫是危害人类健康的害虫。消灭臭虫可以采用开水烫杀、日光曝晒、药物喷射等方法。

热带臭虫

热带臭虫也是吸血昆虫，只分布于长江以南地区。危害是频繁叮人吸血，扰人睡眠休息，影响人们健康和工作。它除吸人血外，也能吸其他动物血，如鼠、鸡、兔等。臭虫极能耐饥，喜群居，可随衣物、家具带往其他地方，实现远程传播。

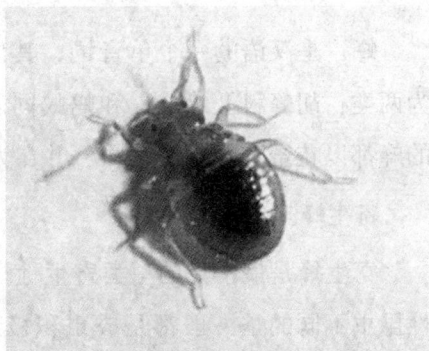

象 鼻 虫

象鼻虫又称象甲，成虫体态特殊，因为它的口器延长成象鼻状突出，称作头管。有些种类的头管几乎与身体一样长，十分奇特。象鼻虫在鞘翅目昆虫中是最大的一科，也是昆虫王国中种类最多的一群，在全世界达 6 万多种；

它们个体差异甚大，小的仅 0.1 厘米，大的可达 5 厘米。象鼻虫主要为害花木果树。幼虫体肥而弯曲成"C"形，头部特别发达，能钻入植物的根、茎、叶或谷粒、豆类中蛀食，是经济作物上的大害虫。象鼻虫不会咬人，也没有异味，故那些大型的象鼻虫常被人们捉来饲养，把弄玩耍。

膜翅目昆虫

蜂

蜂，是汉语的一个单音词，其词义通常指所有蜜蜂总科的昆虫，主要分为两类：胡蜂科及蜂族，和蚂蚁同属膜翅目，普通蜜蜂只是其中一科，所有的蜂都以花蜜和花粉为食物，并在为虫媒花授粉过程中起重要作用。

寄生蜂

寄生蜂是最常见的一类寄生性昆虫，它有 2 对薄而透明的翅膀。与捕食性昆虫不同的是一般都是成虫积极地在飞行中粗略地搜寻寄主所在的场所，然后停下来仔细地寻找寄主，当发现寄主后，将卵产于体内。幼虫孵化后取食寄主的营养，和寄主共生一段时间后才使寄主死亡，不能主动寻找饵物。寄生蜂种类很多，分别寄生于寄主的不同发育阶段。以茶卷叶蛾为例，仅在一个茶园中就采集到了 22 种寄生于该虫的寄生蜂。其中 1 种寄生于卵期，10 种寄生于幼虫期，11 种寄生于蛹期。

广大腿小蜂

如同它的名字一样，广大腿小蜂后足的腿节特别粗大，因而虽体小，却

显得很结实。它的寄主范围广，已知的有 100 多种，一般寄生于鳞翅目、双翅目昆虫的蛹。在茶园里，它主要寄生茶长卷蛾。成虫一般在相接触的叶片间越冬，当冬去春来，气温回升到 15℃ 以上时，便开始活动，此时正好是越冬

代茶长卷蛾的蛹期。但广大腿小蜂比较喜欢高温，春天的活动不太活跃，加之经过漫长的寒冬，一些个体不免夭折，越冬后的广大腿小蜂的种群密度一般较小。因此对越冬代茶长卷蛾的寄生率较低，影响不大。随着气温升高，该寄生蜂的活动能力加大，在夏季寄生率最高能达到 50% 以上。在寄生蜂羽化的高峰期，茶园里常可看到很多广大腿小蜂在离树冠不高的地方，时而低空盘旋飞行进行空中探查，时而降落到叶层中步行搜索。茶长卷蛾为了避开天敌的攻击，将叶片织成蛹苞后，在其中化蛹，即使如此，它们也斗不过广大腿小蜂高超的侦察技能。一旦发现敌情后，广大腿小蜂即用口在蛹苞上咬一直径 1 毫米左右的小孔，然后将其腹部末端插入孔中，再伸出针状的产卵器，将卵产于寄主蛹的体内。尽管茶长卷蛾也会死命地摇摆蛹体，作顽强的抵抗，但为时已晚。

广大腿小蜂的卵经过 1~2 天后即孵化，幼虫取食寄主蛹的营养而生长发育，并在寄主蛹体内化蛹，大约经过 3 个星期，新的广大腿小蜂的成虫便羽化而出，开始自由地飞翔生活。对于一只新羽化的雌成虫来说，其头等大事是最大限度地繁殖自己的子孙，即尽可能多地寄生更多的寄主。如果此时此地有足够多的茶长卷蛾的蛹存在，那么它们最好的策略是尽快地将自己的全部能量用于繁殖，尽可能在短期内完成产卵寄生的任务。因为拖延时间，就会增加遭遇天敌的危险。但如果此时此地没有合适的寄主，将能量过多地用于繁殖，是一种浪费，有可能导致在遇到合适的寄主之前而耗尽能量。不过，

在漫长的适应进化过程中，它们已经学会了自我调控。当它们经过一番调查，确定其周围有足够的寄主时，才会将自己处于一种良好的繁殖生理状态。反之，即将自己的大部分能量用于维持生命，以等待寄主的出现。一旦适量的寄主出现后，它们会迅速地将自己的生理状态转变为繁殖状态。

马蜂

马蜂通常叫黄蜂。一提起马蜂，许多人都会感到毛骨悚然，不寒而栗，倘若你不小心捅了马蜂窝，蜂窝里的蜂就会蜂拥而至，把你团团围住，将它们尾部的一支支毒箭，毫不留情地刺进你的肌肤，使你疼痛难忍。人们被马蜂螫了以后，轻则疼痛红肿，重则畏寒发烧，严重的还可能死亡。因此，在人们的印象中，马蜂可畏，必须除之而后快。其实，马蜂螫人乃是被迫的自卫行为，人不犯它，它也不犯人。

马蜂的成虫主要捕食鳞翅目的小虫，因此，也是一类重要的天敌昆虫。近年来，人们还发现马蜂不仅不是害虫，而且还是有益于农业和林业、有功于人类的益虫。夏、秋季节，马蜂在玉米地里爬进玉米缨子里，把深钻在里面的玉米螟幼虫一条一条地拖出来，拦腰咬断，嚼成肉团，然后衔着它飞回巢穴，喂养幼蜂；在棉花田里，马蜂用同样的方法，从花朵和棉桃上捕捉棉铃幼虫；在山林里，马蜂也是多种害虫的天敌。它捕到害虫，仅仅取食其中一点，丢弃大部，这个多捕少吃的优点是其他益虫益鸟所没有的。

为了利用马蜂的长处，有人已经开展了驯化马蜂的工作。如人们将马蜂窝摘下，送回实验室里，然后手摇树枝，反复刺激马蜂，半天或一天以后，驯蜂人就可以伸出食指触动马蜂的头，任它爬到手上，并递上一些青虫之类的食物，让马蜂撕夺嚼食。人们还试验让马蜂在尖顶斗笠下面筑巢安家，然后载着斗笠去野外田间作业。成群结队的马蜂居然并不螫人，只是围着人飞转。驯化了的马蜂，大量繁殖，还可不断分群分窝，每送去森林中、田野里、地头边，它们就会根据人们的意图和需要，捕食害虫。试验证明，一亩地只要有 2~3 窝马蜂，就可以基本控制或全部控制住某些虫害。这样做，既可以节省农药、人力和时间，又不污染环境，可以说是一举多得。

角马蜂

角马蜂是捕食性天敌昆虫，捕猎菜青虫、棉铃虫、烟青虫、纹夜蛾。角马蜂捕食时并不用螫针将害虫先行螫刺，而是逐棵棉株飞行搜索时，一旦发现害虫，立即捕去，以足抱住害虫，并以上颚将其体壁咬破，致死。除自食外，还将咀嚼的食物用触角、上颚和前足将其加工成肉团携回巢中，一块块分给幼虫食用。每头角马蜂每天平均可食棉铃虫 2~3 龄幼虫 6.2 只；棉小造桥虫 2~3 龄幼虫 4.4 只。分布于内蒙古、吉林、河北、山西、甘肃、新疆、江苏、安徽、浙江、福建、贵州。

中华马蜂

中华马蜂又名二纹长脚蜂，俗名草蜂，是为害柞蚕的害虫，二纹长脚蜂以成虫为害秋蚕的小蚕，其中又以处在眠期的小蚕被害最重。危害发生时，将小蚕咬死或螫伤，用口器嚼成肉团衔走或直接拖走。有些蚕场在蚁蚕期蚕就被其局部或全部吃光。分布于我国大部分地区，特别是吉林、黑龙江、辽宁以及内蒙古等地。

燕麦蚜茧蜂

燕麦蚜茧蜂是麦蚜体内寄生性天敌，广布于欧、亚、非、北美的许多国家。草原型常发生于禾谷类作物与其杂草上，为麦田中优势种。我国已知寄主有麦长管蚜、玉米蚜、麦叉蚜、禾谷缢管蚜。分布于内蒙古、北京、上海、吉林、辽宁、陕西、新疆、山东、江苏、安徽、浙江、河南、湖北、四川。

北京黄芪籽蜂

北京黄芪籽蜂1年发生2~3代，以第1代部分幼虫在被害的种子里越冬。为害蒙黄芪、东北黄芪和华黄芪。在内蒙古和北京有分布。

内蒙古黄芪籽蜂

内蒙古黄芪籽蜂1年发生3代，各代均有部分滞育幼虫在寄主种子里越冬。为害蒙黄芪、东北黄芪、直立黄芪、达乌里黄芪、紫云英。内蒙古、北京、山东有分布。

锦鸡儿广肩小蜂

锦鸡儿广肩小蜂为害锦鸡儿种子。为内蒙古柠条、锦鸡儿种子的主要害虫之一。分布于内蒙古、河北、陕西、甘肃。

苜蓿广肩小蜂

苜蓿广肩小蜂是为害豆科牧草种子的主要害虫，以幼虫在苜蓿种子内越冬。在种子内的寄生率常达30%~50%。雌蜂的产卵器伸入荚内并插入正在发育的种子，通常一粒种子产一个卵，随幼虫的发育会吃光种子的内容物而只剩下皮壳。分布于内蒙古和陕西。

普通小蠹广肩小蜂

普通小蠹广肩小蜂在我国已知寄主有多毛小蠹、果树小蠹、脐腹小囊、角胸小蠹等的幼虫。分布于内蒙古、北京、陕西、甘肃。

黏虫广肩小蜂

黏虫广肩小蜂在我国已知寄主有黏虫绒茧蜂、螟蛉悬茧姬蜂、螟蛉绒茧蜂、尖翅蛾科、鞘蛾科、姬蜂、茧蜂、寄蝇科等。分布于内蒙古、黑龙江、吉林、河北、陕西、浙江、福建、河南、湖南、江西、广东、贵州。

榆痣斑金小蜂

榆痣斑金小蜂在我国已知寄主有脐腹小蠹、多毛小蠹、果树小蠹等的幼虫和蛹中。成虫发生期较长，从5月中旬至8月下旬均可见成蜂活动。分布于北京、黑龙江、内蒙古、甘肃、新疆、河南。

米象金小蜂

分布在世界各地及中国大多数地区的米象金小蜂，是玉米象、米象和谷象等某些鞘翅目仓储害虫的重要寄生性天敌。分布于内蒙古、黑龙江、辽宁、河北、陕西、宁夏、山东、江苏、浙江、湖北、湖南、江西、广东、广西、云南、贵州、四川。

华肿脉金小蜂

华肿脉金小蜂在我国已知寄主有柏肤小蠹、黄须球小蠹、白皮松梢小蠹、油松梢小蠹的幼虫及蛹。成虫 5 ~ 9 月均有发生。分布于内蒙古、北京、陕西、甘肃、江苏、河南、云南。

小蠹棍角金小蜂

小蠹棍角金小蜂我国已知寄主有脐腹小蠹、副脐小蠹、角胸小蠹、多毛小蠹、果树小蠹、柏肤小蠹、黄须球小蠹以及为害阔叶树枝梢的小蠹虫幼虫。分布于内蒙古、北京、黑龙江、陕西、甘肃、新疆、山东、云南。

舟蛾赤眼蜂

舟蛾赤眼蜂是淮北地区自然界的优势赤眼蜂种之一。主要以柳毒蛾卵为越冬寄主。每年 10 月上旬至 11 月上旬，末代舟蛾赤眼蜂成虫从越冬前寄主卵中羽化出来，产卵于第二代柳毒蛾卵内，发育到 11 月下旬，以预蛹滞育越冬。我国已知寄主有天幕毛虫、杨扇舟蛾、分月扇舟蛾、黄刺蛾、杨目天蛾、构星天蛾、李枯夜蛾、柳毒蛾等昆虫的卵。分布于内蒙古、北京、河北、山东、安徽、浙江、云南。

松毛虫赤眼蜂

我国已知寄主有枯叶蛾、夜蛾、卷叶蛾、灯蛾、蚕蛾、毒蛾、螟蛾、刺蛾、弄蝶、舟蛾、尺蛾科等昆虫的卵。松生虫赤眼蜂是我国国内利用防治松毛虫、棉铃虫、玉米螟、甘蔗螟虫、稻纵卷叶螟等较广的一种赤眼蜂种。一般用柞蚕、蓖麻蚕、松毛虫卵大量繁殖，可广泛用于防治玉米螟、松毛虫、美国白蛾、苹果卷叶蛾、大豆食心虫、菜青虫等害虫。对人畜无害，对环境

无污染。全国各地均有分布。

白毛长腹土蜂

白毛长腹土蜂寄生大黑鳃、金龟幼虫。属蛴螬体外寄生蜂，此蜂产卵附在寄主腹部腹面节间膜上，孵化后的幼虫，吃尽寄主内含物，老熟幼虫吐薄丝化蛹，与寄主残体连在一起。在田间可见成蜂低飞，飞行疾速，不易捕捉。雌蜂常钻入土中寻找寄主蛴螬。分布于内蒙古、河北、山东、江苏、安徽、浙江、福建、江西、广东、云南、台湾。

蒙古拟地蜂

蒙古拟地蜂于土中筑巢，采粉于豆科植物，为苜蓿的重要传粉者。分布于内蒙古、黑龙江、河北、山西、陕西。

蚂　蚁

全世界约有蚂蚁13 000多种，它们的总数超过了1000万亿，不论是高山还是平川，荒无人迹的沙漠还是热带丛林，到处都有它们的踪迹。蚂蚁是动物界中的小不点儿，非洲的驱逐蚁和澳大利亚的公牛蚁算是蚁中"巨人"了，最大的也只有3.7厘米；最小的蚂蚁叫做贼蚁，全长只有0.15厘米。蚂蚁是地球上最常见的昆虫，数量最多的昆虫种类。我国国内已确定的蚂蚁种类有600多种。蚂蚁的寿命很长，工蚁可生存几星期或3～7年，蚁后则可存活十几年或几十年。一个蚁巢在一个地方可生长多年，甚至 50 年。蚂蚁过着社会性群体生活。有的蚂蚁进攻性很强，对人类是害虫，还有的蚂蚁对森林、树木、房屋有害。当然有些蚂蚁还是对人类有益的。

食肉游蚁

在南美洲的热带丛林里有很多种类的蚂蚁，最厉害的就是食肉游蚁。食肉游蚁是肉食性昆虫，总是组成浩浩荡荡的蚂蚁大军到处游猎，每支蚂蚁大军的数量可以达到十几万。这支大军黑压压一片，浩浩荡荡地前进，势不可挡。如果遇到了一条小河，这些食肉游蚁就会聚集起来，互相咬着、拉着、抱成一个大黑蚂蚁球，滚到河里，飘浮到对岸。休息时，它们也会抱成个大黑蚁球。夜里天凉，就挤得紧一些；天热时，就松开一些。有时它们爬上树，一个个钩住脚，像猴子捞月亮那样垂挂下来。凡是食肉游蚁大军经过的过方，一切动物全都被扫荡，就连凶猛的毒蛇也毫不例外。

有剧毒的火蚁

巴西热带雨林地区有一种带有剧毒的火蚁，咬人以后会把毒液注入人体，引起水泡，甚至使人麻木昏迷。20 世纪 40 年代，一艘运木材的货船从巴西开往美国，一些混在木材中的火蚁也一起出国了。火蚁的适应性和繁殖能力极强，很快在美国繁殖起来，一直蔓延到 10 个州，在 64 万平方千米的土地上都有火蚁在威胁着人、畜的安全。据美国 3 个州的调查，每年有 10 000 多名被火蚁咬伤的患者来医院治疗，人们对火蚁简直伤透了脑筋。

致命的魔鬼蚁

一群浩浩荡荡的蚂蚁大军，像一片黑云向美洲大陆一些地区席卷而去，

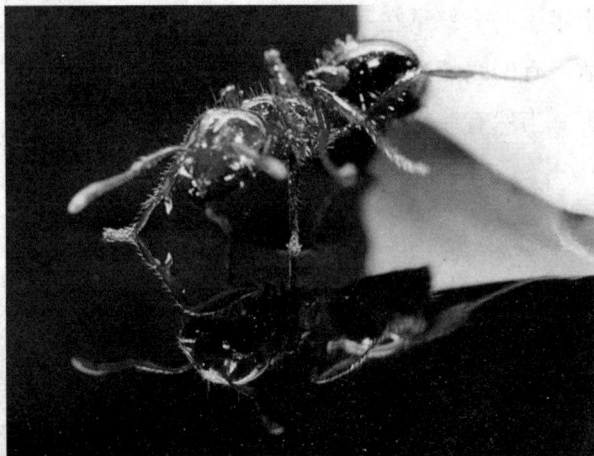

所到之处，村庄、树林均化为一片废墟。因为这种蚁的毒液比眼镜蛇厉害100倍，人畜被咬上一口，会立即丧命，因而人们称它为魔鬼蚁。这种蚂蚁是1982年被发现的，科学家也没弄清它们到底来自何方。魔鬼蚁比火蚁还厉害。

神奇的黑蚂蚁

非洲蚂蚁种类繁多，最著名的是一种叫做特立弗的黑蚂蚁。这种黑蚂蚁喜欢群居，常常组成一支浩浩荡荡的蚂蚁大军前进。有人曾经看见过一支特立弗的前进队伍，经过了16天，也没有看到它们的队尾。特立弗大军行进时，各种昆虫，蚯蚓、蛇、蜥蜴都不放过，即使像豹子、大象那样的庞然大物，只要是受了伤，也难逃活命。这种神奇的特立弗可以在3天之内把一只大象吃得只剩下一堆白骨。

同翅目昆虫

蝉

蝉属于同翅目蝉科，全世界约有 1500 种。最常见的有 3 种：一是鸣蝉，又叫知了，体长约 4 厘米，浑身漆黑发亮，鸣声粗犷而洪亮；二是蟪蛄，体长约 2 厘米，全身黑褐色，鸣声尖而长，连续不断；三是寒蝉，体长约 2.5 厘米，头胸淡绿色，因它在深秋时节叫得欢，故又称秋蝉。蝉之所以能鸣叫，是因为它的腹部有一对鸣器，由镜膜和鼓膜组成，当膜内发音肌收缩时，便产生声波，发出嘹亮的声音。不过别忘了鸣器只雄蝉才有，雌蝉是"哑巴"。

蝉的生活方式

蝉的生活方式较为奇特。夏天，蝉产卵后一周内即死去，卵经过一个月左右孵化，孵化后若虫掉落到地面，自行掘洞钻入土中栖身。在土中，它们要经过漫长的幼虫期。老熟幼虫爬出洞穴后，徐徐爬上树干，然后自头胸处裂开。不久，成虫爬出蝉壳，经阳光的照射，翅膀施展、干燥。羽化过程需 1～3 小时。最著名的种类要数美国的十七年蝉，此外还有 3 种十三年蝉，它

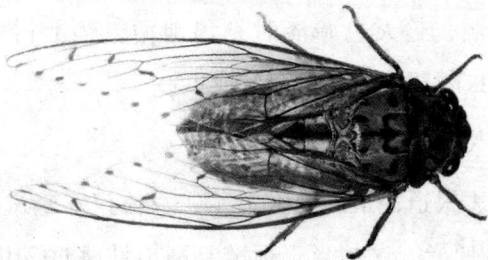

们都是昆虫中的寿星。蝉有趋光性，当夜幕降临，只需在树干下烧堆火，同时敲击树干，蝉即会扑向火光，此时迅速上前活捉，十拿九稳。

黑蚱蝉

黑蚱蝉就是人们较为熟知的"知了"，在昆虫纲属于同翅目中的蝉科，是蝉科中体形最大的种类，体长50毫米，中胸背板宽大，中央有黄褐色"X"形隆起，体背金黄色绒毛；翅透明，翅脉浅黄或黑色。雄虫腹部第1~2节有鸣器，雌虫没有。黑蚱蝉也是昆虫中发音最响的鸣虫，一般1千米之外便可听到它的鸣声。蝉的声音不是从口腔中发出的，而是依靠生长在腹部的特殊发音器官发出。

我国，黑蚱蝉2~3年才完成1代。雌性成虫发育成熟后，使用腹部锥状的产卵器，把卵产在植物新生的枝条上，每处产卵30~50粒，一只雌虫可产卵300~700粒。雌虫产完卵后，将身体退居到产卵部位的下面，并用前足上的锯齿将枝条的韧皮部锉伤，伤口上部的枝条不久即枯萎，待冬季来临时，寒风便将枯枝自伤口处折断，连同卵粒落到地面。在枯枝内过冬的卵，在来年春暖时节，便借助地表湿度，孵化为一只只白色的若虫，挣脱开裹着的卵膜，利用它那善于掘土的前足，很快便钻入树根，以树根汁液为生。经过漫长的时间，若虫蜕皮5次，才进入老熟期，到夏季多雨季节，挖个垂直的洞，趁天色暗淡时钻出地面，爬上树干，通过"金蝉脱壳"之计，蜕下若虫时期的外壳，变成成虫。

沫蝉

据《自然》杂志报道，最新研究显示，身体仅6毫米长的昆虫沫蝉，最高跳跃高度可达70厘米，这相当于标准身高男性跳过210米高的摩天大楼，其跳跃能力远远超过了人们以前所认为的自然界跳高冠军——跳蚤。沫蝉分泌一种泡沫状物质，用来保护自己不至于干燥时受天敌的侵害。沫蝉栖息在植物的叶子上，分布在世界各地，但是它的存在并没有引起人们的注意。沫蝉的后腿肌肉非常健壮，可以在瞬间的跳跃中爆发后腿的蓄力。有学者认为，沫蝉具有如此强的弹跳能力，是为了逃避鸟和其他昆虫的袭击。

榆叶蝉

榆叶蝉是一种为害榆树、大麻、甘草等植物的害虫，以卵散产在榆树嫩枝皮内越冬。成虫体长约3.5毫米，触角刺状，鞭节基部有一小分叉，翅端1/3处也有一黑点。内蒙古、宁夏等我国西北地区广泛分布。

小绿叶蝉

小绿叶蝉别名桃叶蝉，成虫体长3.3~3.7毫米，淡黄绿至绿色，复眼灰褐至深褐色，无单眼，触角刚毛状，末端黑色。一年发生4~6代，以成虫在落叶、杂草或低矮绿色植物中越冬。翌春桃、李、杏发芽后出蛰，飞到树上刺吸汁液，经取食后交尾产卵，卵多产在新梢或叶片主脉里。为害大豆、小豆、菜豆、绿豆、十字花科蔬菜、马铃薯、甘薯、甜菜、麦、稻、甘蔗、苹果、桃、李、杏、葡萄、梅、山楂、山荆子、柑橘、杨梅、线麻、烟、棉花、木芙蓉等。成虫、若虫吸汁液，被害叶初现黄白色斑点渐扩成片，严重时全叶苍白早落。

黑尾大叶蝉

黑尾大叶蝉分布于我国东北、华中、华东以及台湾、广东和海南；也产于朝鲜、日本、缅甸、菲律宾、印度、印度尼西亚和非洲南部。成虫体长12~13.5毫米，身体呈橙黄色，并常有变异。1年发生1代。成虫在杂草、

常绿树及竹林中过冬；翌年春出蛰后刺吸寄主嫩叶。为害甘蔗、高粱、玉米、甘薯、桑、茶、油菜、葡萄、柑橘、梨、苹果、桃、枇杷、奎宁树、月季、大豆、向日葵。

大青叶蝉

大青叶蝉别名菜蚱蜢，分布于全国各省区；国外分布于朝鲜、日本、前苏联及欧洲地区。成虫体长 7.5～10 毫米。身体青绿色，各地的世代有差异，从吉林省的 1 年发生 2 代而至江西的 1 年发生 5 代。成虫或若虫均喜弹跳。为害高粱、玉米、粟、小麦、稻、甘蔗、麻、花生、蔬菜、桑、梨、桃、苹果、洋槐以及禾本科、豆科、杨柳科、蔷薇科植物。可传播多种植物病毒。

双翅目昆虫

苍　蝇

全世界有双翅目的昆虫 132 个科 12 万余种，其中蝇类就有 64 个科 3.4 万余种，主要蝇种是家蝇、市蝇、丝光绿蝇、大头金蝇。苍蝇的一生要经过卵、幼虫（蛆）、蛹、成虫四个时期，各个时期的形态完全不同。苍蝇具有一次交配可终身产卵的生理特点，一只雌蝇一年内可繁殖 10 ~ 12 代。苍蝇食性很杂，有专门吸吮花蜜和植物汁液的，有专门嗜食人、畜血液或动物创口血液和眼、鼻分泌物的，有的蝇类还广泛摄食人的食品、畜禽分泌物与排泄物、厨房下脚料及垃圾中有机物等。

我们都知道昆虫不完全都是两对翅膀，像臭虫、跳蚤没有翅膀，地鳖（俗称土鳖）雌的没翅膀，雄的有翅膀。蚜虫、蚂蚁有时候有翅膀，有时候又没翅膀。苍蝇、蚊子只有一对翅膀，那么，它们那对翅膀哪去啦？原来在翅的后方两侧各有一个哑铃状的小棒，这个棒状结构就叫作平衡棒，它是由后翅变化来的。这一对小小的平衡棒可有大用途。苍蝇在飞翔时，可以突然掉过头来，还可以定点悬空。落在某处起飞时，不用跑道直接飞起、直上直下，速度之快，令人惊讶。苍蝇在飞翔时，平衡棒就振动起来了，每秒振动 330 次，它的振动次数与前翅一样，但是方向相反。苍蝇在水平飞翔时，平衡棒就起到平衡和稳定身体的作用。平衡棒一振动就刺激苍蝇的大脑，大脑就可以判断飞翔的方向。如果飞翔的方向偏离了，平衡棒的振动平面就发生变化。苍蝇的大脑就可以指挥进行纠正，使它向着要去的方向飞翔，所以平衡棒是苍蝇的平衡器和导航仪。

苍蝇的繁殖能力极强，繁殖速度极快，存活能力极强，生存环境极广，食性极其复杂，在 20 ~ 30℃时非常活跃。有的苍蝇连续地叮爬食物，边吃边吐、边吃边排粪，极其令人厌恶。小家蝇在我们生活周围的垃圾箱最常见；绿蝇和丽蝇在农贸市场的水产摊位和水果摊位最多见；大头金蝇常在倒粪池等处见到。苍蝇身上带着无数的细菌、病毒，能携带病原体传播疾病，如细菌性疾病的霍乱、伤寒、痢疾、细菌性食物中毒等；病毒性疾病的脊髓灰质炎、病毒性肝炎、沙眼等；原虫性疾病的阿米巴痢疾；寄生虫病的蛔虫和囊虫病等。苍蝇中还有一种吸血蝇，顾名思义，它是以骚扰吸血为生，好在它主要侵犯家畜，对人类危害不大。但苍蝇的存在，

极大地影响了环境和食品卫生。苍蝇是"四害"之一，必须坚决地铲除苍蝇孳生地，保持环境卫生。

林莫蝇

林莫蝇，莫蝇科莫蝇属。它们主要分布于朝鲜、日本和欧洲大部分地区。成虫栖息于森林、草原、粪块、垃圾、室内动物身上，也到植物上采食花蜜。我国内蒙古、黑龙江、山西、青海、新疆、四川有分布。

秋家蝇

秋家蝇雌虫几乎同家蝇相同，雄虫腹部橙色，中央有黑色标记。雌虫长6~7毫米，通常大于雄虫。在野外动物粪便中繁殖。根据环境温度，整个生活史12~20天，一个夏季大约繁殖12代。成蝇血食性，晚秋种群密度高。秋家蝇侵袭牛和马，通常在脸上，特别是眼睛周围。秋家蝇非常强壮，能够飞行几千米，但大多数时间在繁殖地附近活动。分布于内蒙古、河北、山西、宁夏、甘肃、青海、新疆。

逐畜家蝇

逐畜家蝇幼虫孳生于牛粪中，成蝇主要在牛粪上，雌蝇有吸血习性，舐吸牛身上被其他昆虫咬伤后流出的血液。分布于内蒙古、北京、上海、吉林、辽宁、河北、山西、宁夏、甘肃、山东、江苏、安徽、浙江、福建、河南、湖北、湖南、江西、广东、广西、海南、云南、贵州、四川、西藏、台湾。

家蝇

家蝇是喜室内住区的蝇类，幼虫杂食性，喜食人畜粪便，是农村城镇中常见的蝇类之一，与人的饮食物及食具接触频繁，与疾病的传播有很大的关系。全国各地均有分布。

孕幼家蝇

孕幼家蝇成虫栖息于树林、果园、草地、家畜身上，屠宰场、畜棚、庭院。吸食牛伤口上的血，也舐食人血。是牛眼线虫的中间宿主。分布于内蒙古、陕西、宁夏、甘肃、新疆。

鱼尸家蝇

鱼尸家蝇的幼虫孳生于动物内脏、腐鱼等腐败动植物中。分布于内蒙古阿拉善盟（额济纳旗）、广东、广西、云南、四川。

夏厕蝇

蝇科厕蝇亚科昆虫的一种，又称小家蝇。世界性分布。幼虫孳生在人或动物的粪便及腐败动植物中，也孳生于动物尸体及发酵的或渍制的食物中。成蝇常侵入室内，幼虫形状特殊，体略扁平。卵与幼虫常随食物进入人体，亦可进入尿道和肠腔，引起蝇蛆症。蛹壳仍保留幼虫期的分枝突起，很像幼虫。成虫栖息在野外或人群聚居场所，会传播一些疾病。

肠胃蝇

肠胃蝇幼虫寄生于马、骡、驴胃内，有时也在食道及十二指肠内发现，卵产于马体鬃、胸、腹及腿部的毛上，成虫 6~7 月始见，8~9 月进入盛期。可致使寄主胃消化、运动和分泌机能障碍，以及由于幼虫分泌毒素，致使宿主慢性消瘦和中毒，严重时可引起死亡。分布于内蒙古、山西、陕西、甘肃、新疆。

驼头狂蝇

驼头狂蝇成虫 5~6 月出现，在晴天无大风时活动，雌蝇产卵于骆驼鼻腔口处。幼虫在骆驼鼻腔内钻入鼻窦，约 10 个月，成熟后又移至鼻腔，当骆驼打喷嚏时，随之而出，钻入土内化蛹。每只雌蝇可产 800~900 只幼虫。分布于内蒙古、黑龙江、吉林、辽宁。

驯鹿蝇

驯鹿蝇幼虫寄生于驯鹿。检查驯鹿，如果从鼻腔中采到大量蝇蛆，那么

感染率就是100%。分布于内蒙古呼伦贝尔盟。

羊狂蝇

羊狂蝇成虫于4~9月，在晴朗无风的时候飞向羊身，产幼虫于羊口旁鼻孔附近，然后进入鼻腔，用口钩钩着鼻黏膜再进入鼻窦、蜕化、发育和成长。成熟后再移回鼻腔，随羊的喷嚏而出，落地化蛹，经过1个多月羽化为成虫。分布于内蒙古、山西、陕西、青海、新疆。

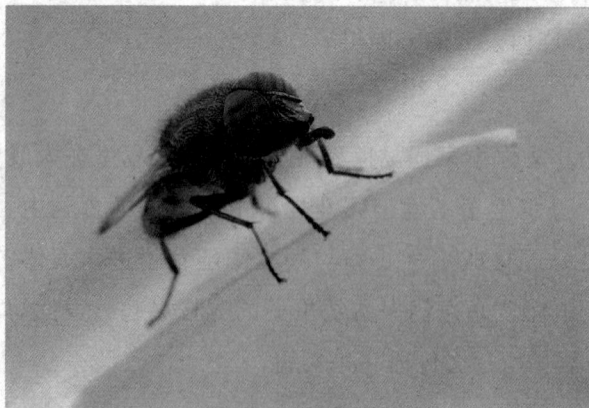

紫鼻狂蝇

紫鼻狂蝇成虫于夏季6~9月，每只雌蝇一生可产幼虫700~800只。幼虫产在马、驴等鼻孔附近的毛或皮上，然后进入鼻腔内，再进入鼻窦，经过10个月左右，幼虫成熟后再返回鼻腔，落地后化蛹。此蝇偶尔也产幼虫于人的眼边，侵入眼内。在我国的分布范围比较小，仅在内蒙古、新疆和西藏阿里地区有见。

纹皮蝇

纹皮蝇在每年的4~6月份成虫开始活动，产卵于牛卧着的阴影处的靠近地面的牛毛上，每只雌蝇可产卵400~800粒，幼虫孵化后钻入皮内，慢慢移行至食道，然后转移到脊的两侧，成熟时在牛背上开始出现凸起的疱肿，落地化蛹，羽化出成虫。每年发生1代，一头牛的皮下可寄生500多只3龄幼虫。幼虫寄生于皮下组织会引起慢性寄生虫病。分布于内蒙古、河北、山西、陕西、宁夏、甘肃、新疆。

牛皮蝇

牛皮蝇，蝇卵呈淡黄白色，表面有光泽，单独固着于牛毛上，成虫体形像蜜蜂。整个生活周期大约需1年。由卵孵出的幼虫钻入牛体内寄生9~11个月，并进行3个发育阶段，成熟的幼虫从皮肤中爬出落在外界环境里变成蛹。再经 1 ~ 2 个月，蛹变成为蝇爬出，不久就会飞翔。成蝇不食不螫，只生活 5 ~ 6 天，在牛被毛上产卵后即死亡。幼虫钻入皮肤可引起病牛瘙痒，恐惧不安和局部疼痛，影响牛的休息和采食。牛皮蝇和纹皮蝇的幼虫寄生于皮下组织会引起一种慢性疾病。分布较广。

黑须污麻蝇

黑须污麻蝇的成虫生活在森林、草原、农田和菜地。幼虫寄生于牛、马、驴、骡、骆驼、山羊、绵羊等牲畜和哺乳动物、鸟类。有时人也受到危害。在内蒙古西部草原上牛、绵羊、骆驼受害相当严重。分布于内蒙古的广大地区以及北京、吉林、宁夏、甘肃、新疆。

线纹折麻蝇

线纹折麻蝇寄主有飞蝗、意大利蝗、西伯利亚蝗、小眼戟纹蝗、黑条小车蝗、黑赤翅蝗、狭条戟纹蝗、小米纹蝗、蓝斑翅蝗、土库曼蝗、绿纹蝗、大垫尖翅蝗、小跃蝗、荒地蚱蜢、草绿蝗。分布于内蒙古、黑龙江、吉林、辽宁、新疆、山东、江苏、河南。

宽角折麻蝇

宽角折麻蝇幼虫寄生于蝗虫的幼虫和成虫体内，主要有意大利蝗、白边雏蝗、小车蝗属、绿纹蝗属、蛛蝗属、戟纹蝗属、丝角蝗属、束颈蝗属等。分布于内蒙古、吉林、辽宁、新疆。

棕尾别麻蝇

棕尾别麻蝇幼虫繁殖于动物的粪便中，也从松毛虫幼虫中育出，为居住区常见的蝇种，成蝇 6 月初始见，8 月上旬进入高峰期。棕尾别麻蝇是对人类健康具有很大危害性的蝇类之一，有研究表明，可引发创伤口蝇蛆病、皮下组织蝇蛆病、消化系统蝇蛆病、痢疾等。全国各地均有分布。

斑黑麻蝇

斑黑麻蝇幼虫孳生于人、畜粪便之中，成虫在森林、草地、粪坑活动。分布于内蒙古呼伦贝尔盟（满洲里市）、锡林郭勒盟（呼和浩特市、苏尼特右旗）、乌兰察布盟（察哈尔右翼前、后旗）、宁夏、新疆。

白头亚麻蝇

白头亚麻蝇属双翅目麻蝇科。幼虫孳生于新鲜的人粪或动物尸体中，也曾自松毛虫幼虫中育出。全国各地均有分布。

肥须亚麻蝇

肥须亚麻蝇成蝇有时入室产幼虫，可用鱼肉饲育，幼虫为真正的尸生型。在美国和我国北方地区均较为常见，分布于内蒙古、北京、黑龙江、吉林、辽宁、河北、陕西、宁夏、甘肃、青海、新疆、山东、江苏、河南、湖北、湖南、四川、西藏。

酱亚麻蝇

酱亚麻蝇幼虫孳生于酱缸、咸菜缸中或腐败的动物粪便中，也可从松毛虫幼虫育出。分布于内蒙古、黑龙江、吉林、辽宁、河北、宁夏、甘肃、新疆、山东、江苏、安徽、浙江、福建、河南、湖北、广东、广西、云南、四川、台湾。朝鲜、日本、泰国、缅甸、印度、斯里兰卡、印尼、菲律宾、关岛、夏威夷、澳大利亚等有分布。

麦秆蝇

以幼虫危害，产卵于叶鞘与基间，幼虫孵化后钻入麦茎，蛀食幼嫩组织，造成枯心、白穗、烂穗，不能结实。在内蒙古等春麦区1年生2代，冬麦区年生3～4代，以幼虫在禾本科蓿根牧草中越冬。6月下旬是幼虫危害盛期，为20天左右。分布于内蒙古、河北、山西、陕西、宁夏、甘肃、青海、新疆、山东、河南。

白　蛉

白蛉属双翅目毛蛉科白蛉亚科，是一类体小多毛的吸血昆虫，全世界已知 500 多种，我国已报告近 40 种。成虫体长 1.5 ~ 4 毫米，呈灰黄色，全身密被细毛。白蛉为全变态昆虫。生活史中有卵、幼虫、蛹和成虫 4 期。白蛉各期幼虫均生活在土壤中，凡隐蔽、温湿度适宜、土质疏松且富含有机物的场所，如人房屋、畜舍、厕所、窑洞、墙缝等处，均适于白蛉幼虫孳生。白蛉雄蛉不吸血，以植物汁液为食。雌蛉自羽化 24 小时后吸血。有些种类嗜吸人及动物血。

中华白蛉

中华白蛉成虫体长 3.0 ~ 3.5 毫米，淡黄色，竖立毛类。吸食野生动物或人血，能传播多种疾病，是黑热病传染媒介。分布于内蒙古、吉林、辽宁、河北、山西、陕西、宁夏、甘肃、青海、新疆、山东、江苏、安徽、河南、湖北、广东、贵州、云南、四川。

蒙古白蛉

蒙古白蛉 1 年发生 1 代。生活在村庄附近或山野，吸食人血或牲畜血。为沙鼠利什曼的传播媒介。分布于河北、山西、内蒙古、陕西、宁夏、甘肃、青海、山东、安徽、浙江、河南、湖北。

蚊　子

蚊子属于昆虫纲双翅目蚊科，全球约有 2700 种。其中，以按蚊属、伊蚊属和库蚊属最为著名。在我国，蚊子属"四害"之一，能传播多种疾病。蚊子的平均寿命不长，雌性为 3 ~ 100 天，雄性为 10 ~ 20 天。雄性不会吸血，只有雌蚊才吸血，雌蚊需要叮咬动物以吸食血液来促进内卵的成熟。蚊子繁殖很快。蚊子唾液中含有一种物质，使被叮咬者的皮肤出现起包和发痒症状。

有的蚊子偏嗜人血，有的蚊子则爱吸家畜的血，但没有严格的选择性，故蚊子可传播人畜共患病。

在蚊子中，最可恶的要算吸人血的蚊子。不过，蚊子有雌、雄之分，雄蚊"吃素"，专吃植物的花蜜和液汁。雌蚊偶尔也尝尝植物的液汁，然而，一旦婚配以后，非吸血不可。因为它只有在吸血后，才能使卵巢发育。所以，叮人吸血的只是雌蚊。蚊子在吸血前，先将含有抗凝素的唾液注入皮下与血混合，使血变成不会凝结的稀薄血浆，然后吐出隔宿未消化的陈血，吮吸新鲜血液。吸饱了就找有水的地方产卵去了。假如一个人同时任意给几万只蚊子叮咬，就可以把人体的血液吸完。蚊子叮人是有选择的，能为蚊子带来丰富胆固醇和 B 族维生素的人最受蚊子青睐。蚊子利用气味从人群中发现最适合它们"胃口"的对象。

蚊子是夏、秋季节最常见的一种有害昆虫，它对人体的危害在于其叮咬有病的动物或人体后，会将病原体传染给健康人。不同种类的蚊子可传播不同的疾病。据研究，蚊子传播的疾病达 80 多种。在地球上，再没有哪种动物比蚊子对人类有着更大的危害了。疟疾这种病就是由疟蚊传染的。我国部分地区流行乙型脑炎（简称"乙脑"）、登革热等传染病，也主要是蚊子传播的。

按蚊

蚊科按蚊亚科的一属。全世界都有分布，已知近 450 种和亚种，中国有 60 种和亚种。按蚊多数孳生在天然积水中，从湖泊、溪流以至树洞，因种而异。雌蚊夜晚吸血，在冬季气温较低的地区，按蚊一般以成蚊越冬，少数如帕氏按蚊以幼虫越冬，嗜人按蚊以卵期越冬。按蚊是疟疾的传播媒介，在我国多见于淮河以南地区。在世界各地按蚊都起着传播当地病毒性疾病的作用。

林氏按蚊

林氏按蚊的幼虫喜孳生于高山或丘陵地区的清凉、水清和富有水草的水坑，如山溪两旁的小水坑、泉水坑、地下渗出水的沼泽地。成虫喜吸牲畜血，栖息在山洞或附近的牛棚内。在我国分布于内蒙古、黑龙江、吉林、辽宁、河北、山西、陕西、甘肃、山东、安徽、浙江、福建、河南、江西、湖北、湖南、广西、云南、贵州、四川、台湾、西藏。

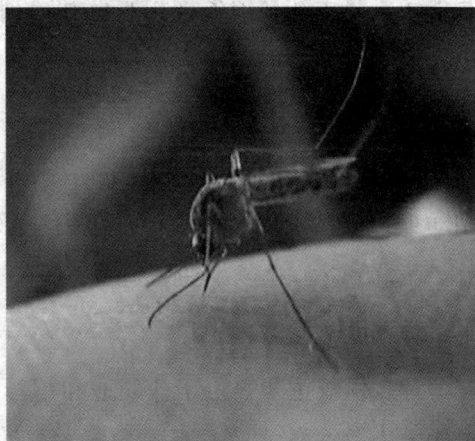

五斑按蚊

五斑按蚊幼虫孳生于自然情况下的地面清水，如池塘、湖泊、稻田、沼泽、小水窝、水渠等地。成虫吸人畜的血，栖息于人住房及牛棚等地。分布于内蒙古、黑龙江、吉林、辽宁、新疆。

中华按蚊

中华按蚊是中国记述最早和研究最广的蚊虫，以成虫越冬。幼虫孳生广泛，平原多于丘陵。喜阳光充足的清水或半污水，如稻田、灌溉沟、池塘、水坑、沼泽。成虫吸血后栖息在牲畜棚或人的住房内。与人、畜的关系最密切，为班氏丝虫马亚丝虫和疟疾的重要传播媒介。全国各地均有分布。

伊蚊

伊蚊为种类最多的中型蚊虫，有100多种，一般孳生于水坑、洼地积水、石穴、树洞、竹筒和缸罐等容器积水中。主要种类有白纹伊蚊（白条伊蚊）、白点伊蚊、灰色伊蚊、棘刺伊蚊、东乡伊蚊等。伊蚊多是凶猛的刺叮吸血者，有些则是黄热、登革热等虫媒病毒的传播者，少数种类是丝虫病的媒介。

灰色伊蚊

灰色伊蚊为林区及其周围草原带的蚊种。在东北地区，4龄幼虫出现在5

167

月下旬，孳生在林内各种积水坑和草甸、草原中的池塘、沼泽或较深的积水中，以卵过冬。成虫白天吸血。在我国分布于内蒙古、黑龙江、吉林、新疆。

仁川伊蚊

仁川伊蚊是重要的传病蚊种，典型的树洞孳生种类。在柳、槐树中可采到幼虫，栖息于山区、平原、市内、郊区。在我国分布于内蒙古、辽宁、吉林、华北。

背点伊蚊

背点伊蚊主要孳生于盐碱地和沼泽中的池塘、芦苇塘等场所。成蚊多在白天吸人及牲畜的血。有强烈的趋光行为。分布于内蒙古、黑龙江、吉林、辽宁、河北、山西、陕西、宁夏、甘肃、青海、新疆、山东、江苏、浙江、台湾。

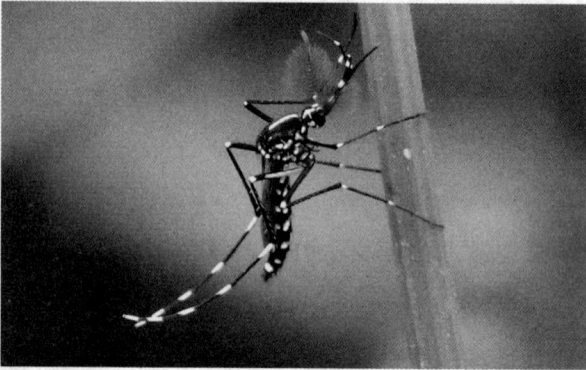

北海道伊蚊

北海道伊蚊在东北地区幼虫出现于5月中下旬，幼虫孳生于林区各种积水坑和草甸洼地积水及沼泽中。在我国分布于内蒙古、黑龙江、吉林、辽宁。

黄色伊蚊

黄色伊蚊为森林、草原地带的蚊种。幼虫孳生在森林空旷草地冰雪融化积水及草甸各种水坑中。1年发生1代，以卵越冬。成蚊多在白天吸动物的血。在我国分布于内蒙古、黑龙江、吉林、辽宁、甘肃、青海、新疆。

黄背伊蚊

黄背伊蚊幼虫孳生在水坑、洼地积水，在水塘曾有发现。成蚊夜晚在牛棚内吸牛血，白天很少在室内。有强烈的趋光行为。在我国分布于内蒙古、宁夏、青海、新疆。

侵袭伊蚊

侵袭伊蚊为林区蚊种。幼虫孳生在林间积水和灌木丛草甸较深的积水坑中，幼虫出现于早春。1 年发生 1 代，以卵越冬。在我国分布于黑龙江和内蒙古。

朝鲜伊蚊

朝鲜伊蚊幼虫孳生在石穴以及缸罐等容器积水中，是每年发现较早的蚊种，以卵越冬。成虫喜吸狗及牲畜的血，是狗丝虫病的传播媒介。在我国分布于内蒙古的广大地区，黑龙江、吉林、辽宁、河北、山西、宁夏、山东、河南、湖北、贵州、四川都有分布。

刺螫伊蚊

刺螫伊蚊为林区蚊种。幼虫孳生在森林铁路旁、林间空地、草地、石穴、河床等处积水内，尤其是有腐烂树叶和朽木的积水中更为多见，以卵越冬。成虫白天吸食人血。在我国分布于内蒙古、黑龙江、吉林、辽宁。

阿拉斯加脉毛蚊

阿拉斯加脉毛蚊主要栖息于山地林区，以成蚊越冬。雌蚊白天侵袭人和大型动物。幼虫广泛孳生在阔叶林、灌木丛以及附近的草甸水坑。在我国分布于内蒙古、黑龙江、吉林、辽宁、宁夏、青海、新疆。

柏格脉毛蚊

柏格脉毛蚊又叫黑须脉毛蚊，主要栖息于林区。成虫白天活动，吸取动物血，黄昏时最活跃。幼虫孳生在森林、铁路、公路旁以及林内各种水底有腐烂树叶和倒木的水坑中。分布于内蒙古、黑龙江、吉林。

日本脉毛蚊

日本脉毛蚊为林区及其周围丘陵地带的常见蚊种。幼虫孳生于富有水草的水坑、草甸积水、沼泽等。分布于内蒙古、黑龙江、吉林、宁夏。

库蚊

库蚊又称家蚊。体多呈黄棕色，翅上无花斑。雌蚊傍晚或夜间吸取人、畜的血，传播丝虫病和流行性乙型脑炎等。分布于全世界各地，幼虫多喜在

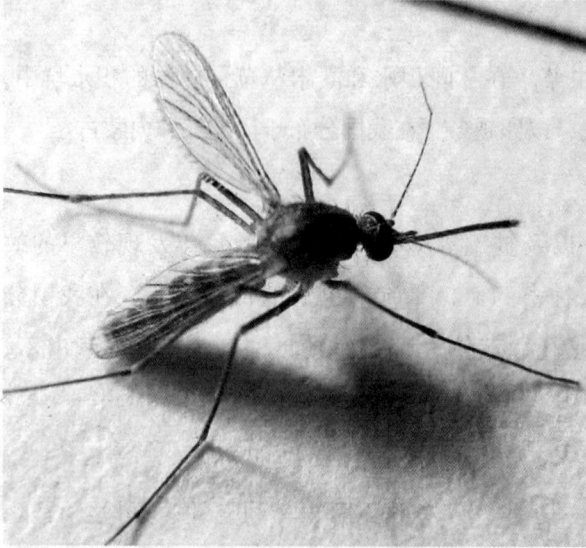

房屋附近污水或水缸中孳生，成蚊多躲在室内黑暗、温暖、潮湿处越冬。

棕盾库蚊

棕盾库蚊孳生于山区的沙石的清凉水中，如溪间积水、沼泽、池塘等。分布于吉林、辽宁、河北、山西、内蒙古、甘肃、山东、江苏、安徽、浙江、福建、河南、湖北、湖南、广东、广西、云南、贵州、四川、台湾。

凶小库蚊

凶小库蚊幼虫孳生地很广，主要在沟渠积水、稻田、芦苇塘、池塘、沼泽、污水坑、人工容器以及半咸水池。成虫野栖于草丛、灌木丛或竹林中。雌蚊吸人血或牛、猪、马血等，是北方重要的骚扰蚊种之一。内蒙古、黑龙江、吉林、辽宁、河北、山西、宁夏、甘肃、青海、新疆、山东、江苏、安徽、浙江、河南、湖南、四川有分布。

淡色库蚊

淡色库蚊幼虫孳生于污水坑、污水沟、水塘、水田、水池、洼地积水、容器积水等处。成蚊栖息在人住房、畜棚、薯窖、石缝、土洞、磨坊、水井、防空洞、竹林、树丛、桥下等处。主要吸人血，兼有畜和禽血，属黄昏性。内蒙古、黑龙江、吉林、辽宁、河北、山西、陕西、宁夏、甘肃、山东、江苏、安徽、浙江、河南、湖北有分布。

蠓

蠓俗称"小咬"或"墨蚊",属双翅目蠓科,为小型昆虫,体长 1 ~ 3 毫米。成虫黑色或深褐。全世界已知 4000 种左右,我国报告近 320 种。蠓是全变态昆虫,生活史包括卵、幼虫、蛹和成虫 4 个阶段。雄蠓吸食植物汁液,仅雌蠓吸血。雌蠓吸血范围较广,在不同的种类有一定的倾向性,有的种类嗜吸人血,有的种类嗜吸禽类或畜类血。绝大多数种类的吸血活动是在白天、黎明或黄昏进行。成虫多栖息于树丛、竹林、杂草、洞穴等避风、避光处。

蠓叮吸人血,被叮咬处常出现局部反应和奇痒,甚至引起全身性过敏反应。蠓还可传播多种疾病。近年来,发现以蠓为媒介的病毒病很多,共约 20 余种,有些是人、畜共患的疾病。从野外捕获的蠓类中,曾检出多种蠕虫、鞭毛虫、纤毛虫、球虫等,其中有几种丝虫能寄生于人、畜体内。目前已知有 18 种寄生虫是以蠓为媒介的,如蟠尾丝虫、肝囊原虫等均是以多种库蠓为媒介。

薄明库蠓

薄明库蠓生活于山区、沼泽地区。为人和家畜疾病的媒介,在医学和兽医学上具有一定的意义。它能主动寻觅人、畜叮咬吸血,不但骚扰并使咬处肿痛或奇痒,如挠破引起感染导致皮肤损伤,甚至溃疡。分布于内蒙古和黑龙江。

雪翅库蠓

雪翅库蠓生活于山地、林区。可为人和家畜疾病的媒介,在医学和兽医

171

学上具有一定的意义。它能主动寻觅人、畜并叮咬及吸血，不但骚扰并使咬处肿痛或奇痒，如挠破引起感染导致皮肤损伤，甚至溃疡。分布于内蒙古、黑龙江、辽宁、河北、西藏。

淡黄库蠓

淡黄库蠓生活于山地、林区。可为人和家畜疾病的媒介，在医学和兽医学上具有一定的意义。它能主动寻觅人、畜并叮咬及吸血，不但骚扰并使咬处肿痛或奇痒，如搔破引起感染导致皮肤损伤，甚至溃疡。分布于内蒙古和黑龙江。

朝鲜库蠓

朝鲜库蠓生活于山地、林区。可为人和家畜疾病的媒介，在医学和兽医学上具有一定的意义。它能主动寻觅人、畜并叮咬及吸血，不但骚扰并使咬处肿痛或奇痒，如搔破引起感染导致皮肤损伤，甚至溃疡。分布于内蒙古和吉林。

玛库蠓

玛库蠓可为人和家畜疾病的媒介，在医学和兽医学上具有一定的意义。它能主动寻觅人、畜并叮咬及吸血，不但骚扰并使咬处肿痛或奇痒，如搔破引起感染导致皮肤损伤，甚至溃疡。分布于内蒙古和黑龙江。

北京库蠓

北京库蠓生活于山区。可为人和家畜疾病的媒介，在医学和兽医学上具有一定的意义。它能主动寻觅人、畜叮咬、吸血，不但骚扰并使咬处肿痛或奇痒，如搔破引起感染导致皮肤损伤，甚至溃疡。分布于内蒙古、辽宁、河北、山西、广东、四川、台湾等地。

陈旧库蠓

陈旧库蠓生活于山地、林区。可为人和家畜疾病的媒介，在医学和兽医学上具有一定的意义。它能主动寻觅人、畜并叮咬及吸血，不但骚扰并使咬处肿痛或奇痒，如搔破引起感染导致皮肤损伤，甚至溃疡。在我国分布于内蒙古、黑龙江、湖北、云南、四川、西藏。

里库蠓

里库蠓生活于山地，平原。可为人和家畜疾病的媒介，在医学和兽医学上具有一定的意义。它能主动寻觅人、畜并叮咬及吸血，不但骚扰并使咬处肿痛或奇痒，如搔破引起感染，导致皮肤损伤，甚至溃疡。分布于内蒙古、黑龙江、湖北。

二齿勒蠓

二齿勒蠓可为人和家畜疾病的媒介，在医学和兽医学上具有一定的意义。它能主动寻觅人、畜并叮咬及吸血，不但骚扰并使咬处肿痛或奇痒，如搔破引起感染导致皮质损伤，甚至溃疡。在我国仅在内蒙古阿拉善盟额济纳旗发现。

虻

虻俗称"牛虻""瞎虻"，它们飞翔时带着嗡嗡声，又快又急，好像乱飞一样，但绝不是瞎飞乱撞。虻成虫体长6～30毫米，粗壮，呈棕褐色或黑色，属大型昆虫类，飞翔力极强，外表极像一只特大号的苍蝇。雄虻不吸血，雌虻吸血。雌虻非常贪食，一般虻一次可吸血20～40毫升，特大型的种类甚至一次可吸血200毫升。如果一群虻在叮咬牲畜时，会导致牛、马浑身血迹斑斑，就是奔逃，也躲不开被吸血。不过，虽然牛、马被虻叮咬束手无策，但自然界中还存在一些捕食虻的昆虫，如胡蜂、食虫虻、蜻蜓，很多寄生性昆虫如青蜂、寄生蜂等，均可致虻于死地。

　　虻是一种最能吸血的昆虫。曾经有一个国家为了伤害邻国，破坏邻国的经济建设，把大批患有传染性贫血病的马匹集中赶到两国的界河上，结果造成马匹的大量死亡。这是因为传染性贫血病主要就是由虻类通过吮吸马血将病马的血带到健康马皮肤伤口上造成的。虻除了能传播马传染性贫血病外，还可传播其他很多种重要的人、畜疾病。

中华斑虻

　　中华斑虻为我国中部及长江流域、黄河流域东部等地区最常见的斑虻。生活在草原地区。6~8月侵袭牛、马、驴。分布于内蒙古、北京、辽宁、河北、山西、陕西、华东、华中、华南。

广斑虻

　　广斑虻遍布于我国各地，从黑龙江至华南地区平原及山区均有分布。7~8月袭击牛。

村黄虻

　　村黄虻在我国东北地区很普通。在田野、牧场和湖塘岩边常能遇见，成虫7~8月袭击牛马。分布于内蒙古、北京、黑龙江、吉林、辽宁、甘肃。

窗虻

　　窗虻广泛发生于居室、粮库、中药材库及粮食加工厂和食品厂。成虫多栖息在窗上，幼虫多发生于仓库的缝隙内。捕食蛾类和甲虫类幼虫，为仓储害虫的天敌。分布几乎遍及国内各省、区、市。

蛛形纲昆虫

蜘　蛛

　　全世界的蜘蛛已知约有4万种，截至2007年11月，中国记载约3000种，分属于66个科，在我国生存的有39科。最大的蜘蛛体长达9厘米，最小的仅1毫米。在我国古籍中，记载蜘蛛的异名甚多，如网虫、扁蛛、园蛛等。在李时珍著的《本草纲目》中记载："蜘蛛即尔雅土蜘蛛也，土中有网。"蜘蛛对人类有益又有害，但就其贡献而言，主要是益虫。蜘蛛在农田里捕食的，大多是农作物的害虫。许多中医药中，都有用蜘蛛入药的记载，因此，保护和利用蜘蛛具有重要的意义。

　　蜘蛛的种类繁多，分布较广，适应性强，它能在土表、土中、树上、草间、石下、洞穴、水边、低洼地、灌木丛、苔藓中、房屋内外结网生活，也能在淡水中（如水蛛），海岸湖泊带（如湖蛛）栖息。可以说，水、陆、空到处都有蜘蛛的踪迹。

黑寡妇蜘蛛

黑寡妇蜘蛛，简称黑寡妇，是一种具有强烈神经毒素的蜘蛛。它是一种广泛分布的大型寡妇蜘蛛，通常生活在温带或热带地区的森林和沼泽地区。它身体黑色，夹有少量灰黄色刚毛，带有"人"字形重叠斑纹，足长而粗壮，善于奔走。雌性包括腿展大约38毫米长，躯体大约13毫米长。雄性大小约有雌性蜘蛛的一半，甚至更小。上颚内长着毒腺。当遇到人、畜时，黑寡妇蜘蛛就迅速从栖所出击，用坚韧的网将猎物稳妥地包裹住，然后刺穿猎物并将毒素注入，受害者的神经中枢系统很快中毒发生麻醉，最终导致死亡。黑寡妇蜘蛛咬人导致死亡的案例，在1950年至1959年间美国发生了63例。

黑寡妇蜘蛛有坚硬的外壳，内含几丁质和蛋白质。当雄性成熟，它会编织一张含精液的网，将精子涂在上面，并在触角上蘸上精液。黑寡妇蜘蛛繁殖时，雄性将触角插入雌性受精囊孔进行交配。但是，黑寡妇蜘蛛在与配偶的交欢过程中，常把与之交配的雄性蜘蛛杀死，并且吞噬其脑袋。不过，在雌性饱食的情况下，雄性偶尔可以逃脱。黑寡妇蜘蛛发育成熟需要2~4个月。雌性在成熟后能继续生存约180天，雄性则只能存活90天。

食鸟蜘蛛的生存方式

在南美洲的热带丛林中，生活着一种食鸟蜘蛛，它的身体超过了100毫米，它的脚伸展开来足有250毫米，如果动物被它咬上一口，就会有致命的危险。食鸟蜘蛛的毒素经试验，证明对人类无严重危害。食鸟蜘蛛的身体和附肢都被带红色的粗毛包围着，只有腹部的毛比较细小，粗毛是它的防御武器。当食鸟蜘蛛发觉自己身处险境时，它便会立即用附肢猛擦腹部的毛，使腹毛脱落，使敌人产生暂时性的错觉，以便防止敌人进一步侵袭和追踪。食鸟蜘蛛生长在亚马孙河流域，也有的生长在西印度群岛的橡胶树上。食鸟蜘蛛的身体比普通蜘蛛大得多，构造上和普通蜘

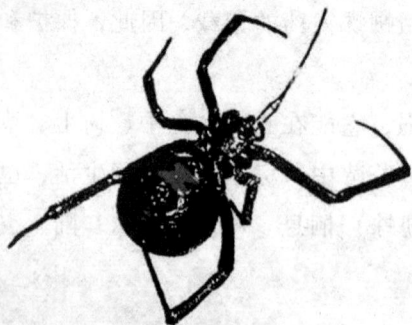

蛛也有不同。它们只有 2 个气囊和 4 个吐丝孔，爪可以上下活动，是无脊椎动物中寿命最长的一种。在动物园里，食鸟蜘蛛通常能够活上 30 多年。

食鸟蜘蛛可以分为两类：一类住在树上；另一类住在地下。居于地下的食鸟蜘蛛，通常筑巢在洞穴之内，食鸟蜘蛛的巢是布满类似图案的蜘蛛网。食鸟蜘蛛的猎食方法是等候猎物自投罗网。它们的食物是青蛙、蜥蜴、小蛇和老鼠等。住在树上的食鸟蜘蛛，身体比地上的要大，它们通常筑巢在树干的裂缝和低处的树枝上，当猎物（如燕雀、金翅雀等）触网被困时，它便立刻出来享受这一顿美食。

近亲幽灵蛛

近亲幽灵蛛属蛛形纲蛛形目，常在室内、山区及农田的隐蔽处结不规则网，蛛体倒悬于网上，捕食小型飞虫。蜘蛛倒悬网上，受惊动后即在网上颤动。雌蛛用螯肢衔卵袋。分布于内蒙古、北京、吉林、辽宁、河北、陕西、江苏。

北国壁钱

《本草纲目》记载："壁钱，大如蜘蛛而形扁斑色，八足而长，亦时蜕壳，其膜色光自如茧。"常见于室内墙壁及林间树皮间缝内等，布有小圆盘状住所及产室，并在其周围引有放射状触丝，白天隐匿其中，夜间出巢掠捕小虫为食。此蛛的体躯及其卵囊可供药用，有清热解毒、活血止血功能。分布于内蒙古、北京、黑龙江、吉林、辽宁、河北、甘肃、山东、江苏、河南。

蝶斑柔蛛

蝶斑柔蛛属蛛形纲蜘蛛目园蛛科，多布网于灌木丛及高草丛中捕食昆虫。分布于河北、山西、内蒙古、陕西、宁夏、甘肃、新疆、山东、浙江、河南、江西。

大腹园蛛

大腹园蛛雌蛛长达 30 毫米，灰褐色。多在庭院房前屋檐及山洞和大石间布大型圆网，以捕飞虫为食。夜间居网的中心，白天在网旁的缝隙或树叶丛中隐蔽。卵袋产于墙或树皮裂缝等处，每卵袋中含卵 500 ~ 1000 个。我国大

部分省、区、市均有分布。

八痣蛛

八痣蛛多布网于农田、草原的高草丛中，以昆虫为食。分布于内蒙古、吉林、新疆。

横纹金蛛

横纹金蛛多在光线充足的灌丛、高草丛布垂直圆网，通过网中心有一上下相对的锯齿状白色支持带，蛛体居于其中，网捕昆虫为食。分布于内蒙古呼伦贝尔盟（海拉尔市、鄂伦春族自治旗）、兴安盟（突尔县、科尔沁右翼前旗、扎赉特旗、科尔沁右翼中旗）、巴彦淖尔盟（乌拉特前旗）；我国大部分省、区、市均有分布。

八瘤艾蛛

八瘤艾蛛多在山林、草原结圆网，网中央有一缠缚了猎物残骸和卵囊的纵带，蛛体常居网中央，外观色泽与纵带一致，故不易被发现。分布于内蒙古兴安盟（科尔沁右翼前旗、扎赉特旗）、巴彦淖尔盟（磴口县）；我国大部分省、区、市均有分布。

四点高亮腹蛛

四点高亮腹蛛为稻田、麦田及草原常见种类，多布小型网于植株间，以飞虱、叶蝉等小型飞虫为食，食量大，耐饥力强。常以丝将植株叶子卷折成卵室，产卵其中。我国大部分省、区、市均有分布。

机敏漏斗蛛

机敏漏斗蛛结大型漏斗状网。主要出现在棉花生长中后期。在农田、草地、灌丛的植株或叶间以丝结漏斗状网，网口向外拉出乱丝，蛛体伏于漏斗口内，以昆虫为食。分布于呼伦贝尔盟（海拉尔市、根河市）、兴安盟（科尔沁右翼前旗）；我国大部分省、区、市均有分布。

迷宫漏斗蛛

迷宫漏斗蛛结大型漏斗状网，低龄幼蛛结不规则平网，随着龄期的增加渐呈漏斗状，一般到 5 龄时其漏斗状网比较典型。该蛛一般在农田、草原的植株及灌丛中结网，捕食昆虫。迷宫漏斗蛛受惊后，多从漏斗网的下端开口逃走。离网逃走的蜘蛛，一般不回原网，多寻找合适的地方另行结网。自残习性较强，雌蛛残食雄蛛现象较普遍，有时雄蛛亦残食雌蛛。我国大部分省、区、市均有分布。

华丽漏斗蛛

华丽漏斗蛛布网于豆株枝叶间。网为漏斗状，网丝无黏性，在网的上方引出多数蛛丝，昆虫一入其中，遂迷路而不易逃出。卵囊为白色的圆盘状，表面粘有枯叶小片。常见于农田、山地灌丛，结网捕虫为食。分布于内蒙古、吉林、辽宁、安徽、浙江、云南、四川、台湾。

家隅蛛

家隅蛛多在居室的墙角布漏斗状网，其前面有一平网，形如白布，亦见于农田、草地。分布于内蒙古、辽宁、河北、安徽、河南、四川、台湾。

三突花蛛

三突花蛛多在植物枝、叶及花上捕食多种昆虫，随环境有多种体色变化。我国大部分省、区、市均有分布。

草皮逍遥蛛

草皮逍遥蛛是北方棉区发生数量很大的一种游猎性蜘蛛。在辽宁省朝阳地区的 6~7 月，每亩棉田可达 2000 只以上，占棉田蜘蛛总量的 50%~70%。南方棉区数量较少。草皮逍遥蛛生活于农田、草地及树上，以蚜虫、叶蝉等为食。该蛛活动迅速，受惊有吐丝下垂习性。分布于内蒙古、吉林、辽宁、河北、陕西、甘肃、江苏。

蜱

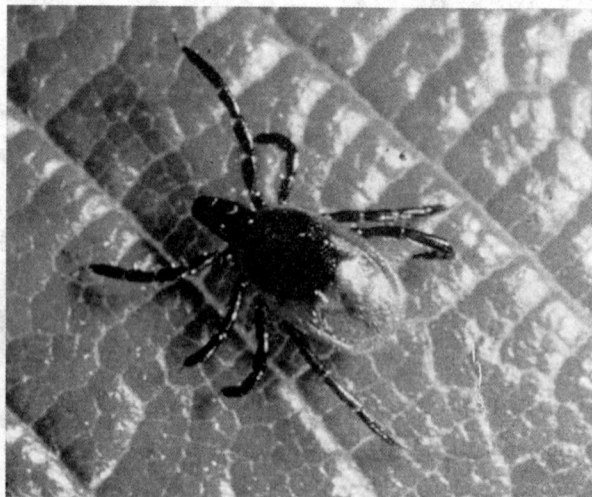

蜱属蛛形纲、蜱螨亚纲、寄螨目、蜱总科动物。成虫在躯体背面有壳质化较强的盾板，通称为硬蜱，属硬蜱科；无盾板者，通称为软蜱，属软蜱科。蜱是许多种脊椎动物体表的暂时性寄生虫，发育过程有卵、幼虫、若虫和成虫4期。多生活在森林、灌木丛、开阔的牧场、草原、山地的泥土中等。软蜱多栖息于家畜的圈舍、野生动物的洞穴、鸟巢及人房的缝隙中。蜱的幼虫、若虫、雌、雄成虫都吸血。

蜱有吸血习性。宿主包括陆生哺乳类、鸟类、爬行类和两栖类，有些种类侵袭人体，吸血量很大，各发育期饱血后可胀大几倍至几十倍，雌硬蜱甚至可达100多倍。蜱在叮刺吸血后，可造成局部充血、水肿、急性炎症反应，还可引起继发性感染。蜱是一些人、兽共患病的传播媒介和储存宿主，会传播森林脑炎、新疆出血热等疾病。

银盾革蜱

银盾革蜱多见于半荒漠草原，亦见于河岸草地，成虫寄生于牛、马、绵羊、骆驼、獾、驴等大型哺乳动物，也侵袭人，幼虫和若虫寄生于啮齿类及刺猬等小型哺乳动物。分布于内蒙古阿拉善盟（额济纳旗）、新疆、西藏。

草原革蜱

草原革蜱生活于草原，成虫寄生于牛、马、骆驼、绵羊、山羊、犬、黄牛等大型动物，也侵袭人，幼虫寄生于啮齿动物及小型兽类，如鼠、兔、艾虎、猫等。分布于我国内蒙古、北京、河北、东北和西北各省、区、市。

中华革蜱

中华革蜱生活于农区及草原区，成虫寄生于马、骡、牛、山羊、绵羊、野兔、刺猬等动物上，幼虫和若虫寄生于刺猬及啮齿类小型动物上。分布于内蒙古、北京、黑龙江、吉林、辽宁、河北、新疆、山东。

嗜群血蜱

嗜群血蜱是哺乳动物和禽类的外寄生虫，以吸血为生，能传播森林脑炎、回归热、蜱传斑疹伤寒等人、兽共患病。多见于针阔混交林和沿河林，寄生于大型哺乳动物，如山羊、牛、马、狗、狼，幼虫及若虫寄生于小型哺乳类（松鼠）及鸟类（山雀、野雉等）。人和动物被叮咬后引起局部丘疹、红肿、瘙痒等皮炎症状，多数患者因搔痒而继发感染，伤口愈合后痒痛和色素斑仍持续数月。分布于内蒙古兴安盟、黑龙江、吉林、辽宁、新疆等北方地域，南方少见。

日本血蜱

日本血蜱生活于林区、山地，多见于柞阔林，寄生于牦牛、马、山羊、野猪、牛、狗、獾及熊等，也侵袭人，幼虫和若虫寄生于鸟类及啮齿类动物。分布于内蒙古、黑龙江、吉林、辽宁、陕西、甘肃、青海。

草原血蜱

草原血蜱多生活于干旱性草原，寄生于洞穴型哺乳动物，如鼠类、兔、鼬，也寄生黄羊、黄牛、犬及麻雀等。分布于内蒙古、黑龙江、吉林、辽宁、河北、山西、宁夏。

亚东璃眼蜱

亚东璃眼蜱生活于荒漠或半荒漠地区的戈壁滩胡杨林和红柳沙包附近。成虫寄生在骆驼、绵羊、山羊、牛、马、骡、驴、犬及蒙古兔等，也侵袭人，幼虫和若虫常寄生在野生小动物上。分布于内蒙古、吉林、陕西、宁夏、甘肃。

草原硬蜱

草原硬蜱分布于草原或半荒漠草原，常见于洞穴型兽类体，如旱獭、草狐、獾、刺猬、长尾黄鼠、犬以及麻雀、紫翅椋鸟等。分布于内蒙古、黑龙江、吉林、甘肃、青海、新疆、四川、西藏。

全沟硬蜱

全沟硬蜱生活于原始林区，多见于针阔混交林，成虫寄生于人及多种哺乳动物，幼虫寄生于小型哺乳动物及鸟类。分布于内蒙古、黑龙江、吉林、辽宁、新疆。

螨

螨属节肢动物门、蜘蛛纲。它有很多种类。螨分躯体和腭体两部分。成虫躯体呈卵圆形，长约 350 微米，在对比良好的情况下能被肉眼看到。雌螨一生中共产卵 3 次，第 1 次 25～50 个；第 2 次 15～30 个；第 3 次仅产数个。螨喜欢生活在潮湿温暖的环境。水分占螨体重的 81%，当体内水分降至 46.5% 以下时螨即死亡。人皮肤脱屑是螨的理想食料，褥尘中有人皮脱屑，又能保持一定湿度和温度，因而是螨生长繁殖的良好环境。粉尘螨则以粮食为食料，所以常存在于粮尘中。螨除可作为传染源引起传染病外，也可作为致敏物引起变态反应病。

牛蠕形螨

牛蠕形螨寄生于牛的耳、颈、肩、面或腹部两侧及腋部，可形成脓肿，有时大如鸡蛋。蠕形螨寄生于动物毛囊或皮脂腺，而引起的顽固性皮肤病，称蠕形螨病，又称毛囊虫病或脂螨病。各种家畜各有其固定的蠕形螨寄生，犬和猪较常见，牛、羊可寄生但较少见。内蒙古各盟、市均有分布。

脂蠕形螨

脂蠕形螨寄生于人的皮脂腺，多发生于鼻及眼睑，可致痤疮及酒糟鼻，有的可与毛囊蠕形螨混合感染。全国各地均有分布。

鸡皮刺螨

鸡皮刺螨也叫红螨、栖架螨或鸡螨。虫体呈长椭圆形，后部略宽。虫体淡红色或棕灰色，吸饱血的雌虫可达1.5毫米。假头长，螯肢1对，呈细长的针状，足很长，末端均有吸盘。能侵染家鸡、麻雀，亦能侵袭人，叮咬后可致皮炎等疾病，也可以传播禽霍乱、禽螺旋体及脑炎病毒等。内蒙古有分布。

仓鼠真厉螨

仓鼠真厉螨可寄生草原黄鼠、五趾跳鼠、草原鼢鼠等多种鼠类。分布于内蒙古呼和浩特市、哲里木盟（通辽市、库伦旗、奈曼旗、科尔沁左翼中旗、扎鲁特旗、开鲁县）。

东北血革螨

东北血革螨能寄生草原黄鼠、长爪沙鼠、跳鼠等多种鼠类及旱獭、鼠兔。分布于内蒙古呼和浩特市、呼伦贝尔盟（牙克石市、满洲里市）、锡林郭勒盟（阿巴嘎旗）。

毒厉螨

毒厉螨能侵染社鼠、黑线姬鼠、褐家鼠等鼠类，亦能侵袭人致急性皮炎。分布于内蒙古呼和浩特市（土默特左旗）、哲里木盟（通辽市、奈曼旗）。

山楂叶螨

山楂叶螨为害苹果、梨、桃、杏、李、山楂、樱桃、海棠等的嫩芽，对果树生长及果实质量、产量有严重影响。全国各地均有分布。

恙螨

恙螨的成虫和若虫营自生生活，幼虫寄生在家畜和其他动物体表，吸取宿主组织液，引起恙螨皮炎，传播恙虫病。重要种类有地里纤恙螨和小盾纤恙螨等。北方纤恙螨栖于鼠类洞穴及潮湿地带，侵染褐家鼠、黑线姬鼠、林姬鼠等鼠类。分布于内蒙古呼伦贝尔盟。小盾纤恙螨侵染东北鼠兔、黄毛鼠等鼠类，常见栖于鼠巢内及潮湿地带。人被恙螨幼虫叮咬可引起恙螨性皮炎。恙螨还会传播恙虫病。

其他昆虫科目

蝽

半翅目昆虫，体小至中型，体壁坚硬而体略扁平，刺吸式口器，着生于头的前端，不用时贴放在头、胸的腹面。前胸背板发达，中胸有发达的小盾片。前翅基半部革质或角质，称为半鞘翅，一般分为革区、爪区和腹区三部分，有的种类有楔区。很多种类胸部腹面常有臭腺，可散发恶臭。

本目昆虫属于不完全变态（渐变态）。多为植食性，刺吸植物茎叶或果实的液汁，是重要的园艺害虫；部分种类为捕食性，为天敌害虫。卵多为鼓形或长卵形，产于植物表面或组织内。

粟缘蝽

粟缘蝽属半翅目，缘蝽科。越冬成虫翌年4月份开始活动，7~8月成虫活动最旺盛。成、若虫刺吸谷子、高粱穗部未成熟籽粒的汁液，影响产量、质量，对谷子、高粱、小麦、麻类、向日葵、烟草、蔬菜等都有危害。广泛分布于内蒙古、北京、天津、黑龙江、河北、江苏、安徽、湖北、江西、广东、广西、云南、贵州、四川。

黄边迷缘蝽

黄边迷缘蝽属半翅目，缘蝽科。栖息于森林及草甸草原区。7～8月成虫活动盛期。为害针茅。分布于内蒙古、北京、河北、山东。

黑长缘蝽

黑长缘蝽主要栖息于森林及草甸草原区。7月中旬4龄若虫大量出现。内蒙古、北京、山东、江苏有分布。

根土蝽

根土蝽为群集性地下害虫，有做"土室"的习性。喜生活于通风良好的砂质土壤中，把口针刺入作物根部组织内，吸取植物汁液，造成作物茎秆矮小，籽粒瘦秕，严重者整株死亡。受害后作物一般损失率达20%～30%，严重时甚至毁种。主要为害高粱、谷子、玉米、荞麦等作物；小麦、豇豆、绿豆、麻类受害较轻；向日葵、黑豆、马铃薯等受害最重。内蒙古、天津、吉林、辽宁、山西、陕西、山东、江西、台湾有分布。

西北麦蝽

西北麦蝽属半翅目，蝽科，1年发生2代，以成虫越冬；因产卵期不齐而有世代重叠现象，寄生在小麦、羊草、无芒雀麦等禾本科植物上，成、若虫刺吸寄主叶片汁液，受害麦苗出现枯心或叶面上出现白斑，后扭曲成辫子状，出现白穗和秕粒。分布北起黑龙江、内蒙古、新疆，南至山西、陕西、甘肃、青海。

斑须蝽

斑须蝽是一种多食性害虫，为害小麦、水稻、玉米、高粱、棉花、烟草、亚麻、芝麻、葱、胡萝卜、赤豆、大豆、绿豆、白菜、甜菜及苹果、桃、梨、梅、杨梅、草莓、柳等多种农作物、蔬菜、林木、果树、饲料、牧草和观赏植物。自春季至秋季成虫和若虫刺吸植物细嫩及穗部汁液为害。稻谷类和小麦抽穗、灌浆期受害尤其严重，影响种子成熟甚至成为秕粒。被害叶片出现黄褐小斑，严重时叶片被褶卷曲并干枯，从而影响和破坏植物的正常发育，造成减产。几乎全国各省份均有分布。

红足真蝽

红足真蝽是一种盾形蝽，能从胸部腺体发出臭气。栖息于山林地区。成虫6月始发，7~9月为盛发期，3、4龄若虫8月份大量出现。为害榆树、椴树、枫叶槭、茶条槭等植物的叶和嫩枝。内蒙古、北京、黑龙江、吉林、辽宁、河北、山西、陕西、新疆有分布。

沙枣蝽

沙枣蝽1年发生2代，以成虫在树缝及树皮下越冬。越冬成虫4月中旬开始活动，5月下旬产卵，6月中旬始孵。第一代成虫于7月上旬出现，7月中旬产卵，7月下旬为产卵盛期，7月末始孵，5龄若虫8月下旬羽化，9月初为羽化盛期，成虫10月初开始越冬。雌虫多在树干缝隙间产卵，卵排列在一起。成虫和若虫有群集性。成虫有趋光性，臭气熏天，数量多时树周围都会发出很浓的臭味。主要为害沙枣，也兼害柳、杨、梭梭树、槭树、榆、刺槐、杏、李树等。分布于内蒙古、宁夏、甘肃、新疆。

蛉

种类比较常见。头部有3个单眼，足跗节各节形状相似，均为圆柱状。全国多有分布。

全北褐蛉

全北褐蛉成虫于3月间初见，4月下旬发生稍多，主要在蚜虫多的槐树、榆树、柳树和木槿上活动，在蚕豆田中也有少量发现。4月下旬至5月上旬为产卵盛期，分卵期、幼虫期、蛹期。成虫飞翔力弱，有假死性，趋光性，常飞于灯下。寿命一般20天左右。幼虫爬行迅速，能捕食蚜虫、红蜘蛛等，有互相残杀的习性。幼虫老熟后，结薄茧化蛹，从茧外可以见到蛹体。成、幼虫在各种植物上捕食多种蚜虫、介壳虫。分布于东北、华北、西北、华东、四川、西藏等地。

缘布褐蛉

缘布褐蛉是一类重要的天敌昆虫。在林地内和灌木丛中捕食蚜虫等，成虫7~8月出现。分布于内蒙古、河北。

点线脉褐蛉

点线脉褐蛉为脉翅目褐蛉科，在林地、果园和大豆田内捕食蚜虫等。成虫3~10月出现。成虫体长5毫米左右，前翅长8毫米，后翅长6毫米左右。头部淡黄褐色，唇基及额连接处有1对黑褐色点斑。触角黄褐色，末端色较深。分布于内蒙古、陕西、浙江、福建、湖南、广西、贵州、四川。

草蛉

夏天，人们在田间漫步时，常可看到一种有着绿色而柔软的身体，长着4个大而透明的翅膀的昆虫，缓慢地飞翔于空中，这就是著名的灭虫能手——草蛉。草蛉是一类捕食性昆虫，属于昆虫纲的脉翅目。其幼虫称蚜狮。在全世界已知有86属共1350种，据调查，我国有记载的就有15属约百种，它们分布

在我国南北各地。由于草蛉能够有效而大量地捕食多种重要的农业害虫，所以人们广泛地开展了人工利用草蛉消灭害虫的工作。

大草蛉

大草蛉为草蛉虫的一种。成虫体长约 14 毫米，翅展约 35 毫米。黄绿色，有黑斑纹。头部触角 1 对，细长，丝状，除基部两节与头同样为黄绿色外，其余均为黄褐色。1 年可繁殖 3 代，以老熟幼虫在茧内越冬。卵有长丝柄，10 多粒集在一处像一丛花蕊。幼虫称为大蚜狮，头部有 3 块大黑斑，体长达 12 毫米。捕食棉蚜、桃蚜、麦蚜等多种蚜虫以及棉铃虫的卵和小幼虫等。大草蛉是有益的昆虫，已用于生物防治。

拱大草蛉

拱大草蛉是一类捕食性昆虫，成虫在 7 月上旬开始出现，捕食多种蚜虫，是有益的昆虫。分布于内蒙古巴彦淖尔盟（乌拉特中旗、乌拉特后旗）。

多斑草蛉

多斑草蛉是一种捕食性昆虫，成、幼虫在农田、草原、林地捕食多种蚜虫及鳞翅目卵及低龄幼虫等，还喜食介壳虫、木虱、叶蝉、红蜘蛛、蝶蛾类的幼虫及卵等。成虫在 7~8 月出现。分布于内蒙古、黑龙江、辽宁、陕西、甘肃；朝鲜、日本、俄罗斯（远东）也都有分布。

结草蛉

结草蛉的成、幼虫在农田、林地、果园内捕食多种蚜虫，是一种捕食性昆虫。分布于内蒙古、黑龙江、吉林、辽宁。

中华通草蛉

中华通草蛉是多种农林害虫的重要捕食性天敌。该虫是山东省重要的优势天敌种之一，1 年发生 4 代，世代交替明显，以第 4 代成虫兼性滞育越冬。喜糖蜜，偶见于灯下，分布于林间草地。幼虫在林木上捕食蚜虫、介壳虫等。内蒙古各盟、市均有分布；东北、华北、华东、西北、西南有分布。

褐纹树蚁蛉

褐纹树蚁蛉体长 20 毫米，4 翅均具褐色斑纹，成虫有趋光性，常飞于屋内的灯下。幼虫多在墙角缝隙等处捕食小虫等。广布我国，尤以南方常见。

追击大蚁蛉

追击大蚁蛉成虫有趋光性，常于夜间灯下飞翔，捕食小虫。幼虫在砂土中做洞穴，捕食地老虎、金龟甲、蝼蛄等小型昆虫。栖息在沙尘地表下，但不筑造"陷阱"，只是静伏在沙尘地表下隐藏，当感觉到有猎物经过时，迅速从沙中向前冲出追捕，捉到猎物后，立即将猎物拖入沙中吸食。分布于内蒙古、辽宁、河北、山东、河南、湖北、江西等地。

虱

虱是一种寄生在动物身上靠吸血维生的寄生虫，人接触动物多了，就有可能生虱子。虱子的成虫和若虫终生在寄主体上吸血。

头虱

虱子是一种小昆虫，通过接触可以飞落到其他人的头皮上，成虱就在头发根部产卵，两周后孵化成虱子。虱子寄生在头发上，靠叮咬头皮，吸取人体的血液生长。当它叮咬头皮时，人就会产生瘙痒的感觉。由于虱子使人瘙痒不安，而且传染性很强，寄生于人的头发中，人的头发中寄生了虱子，就会得头虱病。全国各地均有分布。

体虱

体虱是很小的寄生昆虫，寄生于人体。虽然体虱与头虱看起来几乎一模一样，但体虱很少在头发里滋生，相反，它们大部分时间是生活在被感染者的衣服里，每天一次或多次爬到宿主皮肤上吸血。体虱可传播斑疹伤寒、回

归热和鼠疫。全国各地均有分布。

驴血虱

驴血虱也叫马虱，寄生于马、驴、骡等马属动物。体长 2.5 ~ 3.5 毫米，胸腹板长大于宽，胸腹板缝远离腹板。分布于内蒙古、山东等地。

蓟 马

蓟马是一种靠植物汁液维生的小型昆虫，幼虫呈白色、黄色或橘色，成虫则呈棕色或黑色。蓟马 1 年发生多代，它在植株的花器和叶上产卵。气候适宜时，可在 2 周左右由卵发育为成虫。本目昆虫有许多种类常栖息在大蓟、小蓟等植物的花中，故名蓟马。个体小，行动敏捷，能飞善跳，多生活在植物花中取食花粉和花蜜，或以植物的嫩梢、叶片及果实为生，成为农作物、花卉及林果的一害。蓟马还可传播病毒病。还有少数蓟马捕食蚜虫、粉虱、介壳虫、螨类等，成为害虫的天敌。

黄蓟马

黄蓟马别名菜田黄蓟马、棉蓟马、忍冬蓟马、瓜亮蓟马、节瓜亮蓟马。栖息于森林草原。为害轮叶婆婆纳、野苏籽、窄叶兰、翻白蚊子草、篷子菜、火绒草、岩败酱、绣线菊、石竹、水杨梅、迷果芹、萝摩、沙蒿、柽柳等。成虫和若虫吸心叶、嫩芽、幼果汁液，使被害植株心叶不能张开，生长点萎缩而出现丛生的现象。幼果受害后，毛茸变黑，表皮为褐锈色，幼果出现畸形，生长缓慢，严重时造成落果，对产量和质量影响极大。全国大部分地区都分布。

唐菖蒲简蓟马

唐菖蒲简蓟马的雌成虫体长 1.38 ~ 1.45 毫米，黑褐色；1 年发生 6 ~ 7 代，2 ~ 4 周繁殖一代，繁殖力强，世代重叠，在唐菖蒲的整个生长期均可见到成虫。7 月中旬和 8 月为发生的两个高峰期，10 月中旬伴随着降霜，以成虫入土到唐菖蒲鳞茎的鳞瓣下越冬，第二年 5 月中下旬唐菖蒲幼芽出土，遂移至地上活动。栖息于庭院（花圃）。为害唐菖蒲、鸢尾、射干、美人蕉、豆梨。分布于内蒙古、北京、辽宁、河北、甘肃。

蒲公英蓟马

蒲公英蓟马栖息于山坡林地、草原、荒漠草原、庭院，为害蒲公英、苣荬菜、小蓟、百日草、杂草等。分布于内蒙古呼和浩特市、呼伦贝尔盟（海拉尔市、鄂温克族自治旗）、巴彦淖尔盟（乌拉特中旗）、阿拉善盟（阿拉善左旗贺兰山）。

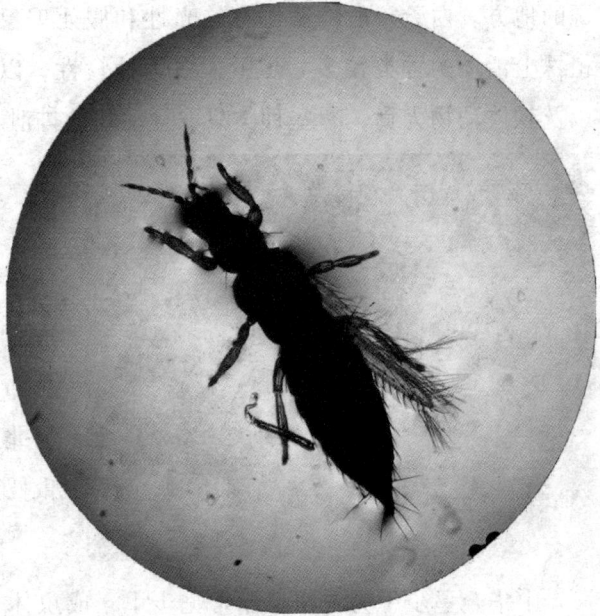

小麦管蓟马

小麦管蓟马别名小麦皮蓟马、麦简管蓟马。成虫体长 1.5~2.2 毫米，体黑褐色，翅 2 对。1 年发生 1 代，若虫在麦根或场面地下 10 厘米处越冬。翌年日均温 8℃时开始活动，约 5 月中旬进入化蛹盛期，5 月中下旬羽化，6 月上旬进入羽化盛期，羽化后进入麦田，在麦株上部叶片内侧叶耳、叶舌处吸食汁液，后从小麦旗叶叶鞘顶部或叶鞘缝隙处侵入尚未抽出的麦穗上，为害花器。对小麦、大麦、黑麦、燕麦、向日葵、蒲公英、狗尾草等都有危害。分布在新疆、甘肃等省。

步　甲

步甲成虫体长 1~60 毫米，一般中等大小，色泽幽暗，多为黑色、褐色，常带金属光泽，少数色鲜艳，有黄色花斑；体表光洁或被疏毛，有不同形状的微细刻纹。生活史比较长，一般 1~2 年完成 1 代，以成虫或幼虫过冬。卵

一般单产在土中。幼虫有 3 龄，老熟幼虫在土室中化蛹。成虫不善飞翔，地栖性，多在地表活动，行动敏捷，或在土中挖掘隧道，喜潮湿土壤或靠近水源的地方。白天一般隐藏，有趋光性和假死现象。在热带和亚热带地区，于植株上活动的种类较多。步甲大多为捕食性，以蚯蚓、钉螺、蜘蛛等小昆虫以及软体动物为食，有些种类只取食动物的排泄物和腐殖质。

斑步甲

斑步甲以成虫越冬于土、石块下。春季为害小麦、莜麦种子。成虫、幼虫均捕食地老虎幼虫。分布于内蒙古、黑龙江、吉林、河北、江苏。蒙古、朝鲜、日本、俄罗斯、欧洲也都有分布。

中华金星步甲

中华金星步甲为农田草原常见步甲，成虫体长 25～33 毫米，宽 9～12.5 毫米。体黑色，背面色暗，有铜色光泽，鞘翅上的凹刻星点闪金光或金铜光泽。捕食鳞翅目、直翅目、鞘翅目等幼虫，在黏虫、地老虎大发生时，其捕食及杀伤力很大，但为害柞蚕。分布于内蒙古、黑龙江、吉林、辽宁、河北、山西、宁夏、甘肃、山东、江苏、安徽、浙江、河南、江西、广东、四川、云南等地。

皮　蠹

皮蠹为皮蠹总科的一科。幼虫多毛的甲虫。包括 6 亚科 34 属，约 700 种，分布于世界各地。中国已知 8 属约 40 种，遍布全国各省区。

本科很多种类为害生皮张、干鱼、咸肉、蚕茧、生丝、皮衣、毛织品、毛呢服装、动物性药材，部分为害谷类和豆类。生命力强，可在野外也可在室内繁殖，大量发生时可造成一些储藏品的重大损失。

日本白带圆皮蠹

日本白带圆皮蠹 1 年发生 1 代，幼虫多栖息于居民区附近的鸟巢内，取食角蛋白含量较高的物质，成虫在花上取食花粉、花蜜。其严重为害皮毛、皮张、蚕茧、中药材及动物标本。分布于内蒙古、黑龙江、辽宁、河北、陕西、新疆、山东、浙江、四川等地。

红圆皮蠹

红圆皮蠹 1 年发生 1 代，以成虫越冬。成虫在温暖晴朗的天气成群外出，取食花粉花蜜。幼虫多栖息于鸟巢和蜂巢内，取食角蛋白丰富的食物。幼虫对生丝、毛织品、羽毛制品、动物性药材及动物标本危害严重。分布于内蒙古、辽宁、河北、陕西、宁夏、甘肃、青海、新疆、山东等地。

褐毛皮蠹

褐毛皮蠹是十分重要的仓储物害虫，生活于鸟巢或岩石裂隙及石块下，取食干燥的死昆虫，常侵入仓库内，为害多种储藏物。严重危害含角蛋白的物品、谷物及动物药材。分布于内蒙古、甘肃、青海、新疆等地。

黑毛皮蠹

黑毛皮蠹又名黑鲣节虫、日本鲣节虫、毛毡黑皮蠹。幼虫有负趋光性，多群集于仓内壁角、地板、砖石缝内越冬，是为害谷物等储藏品普遍的种类。成虫在晴朗无风天气飞到野外，群集于花上取食花粉。严重为害毛呢物品、毛料、地毯、羽毛制品及皮张等，对谷物、豆类等农产品也造成一定的危害。我国东部大部分省区均有分布。

档案窃蠹

档案窃蠹又名书窃蠹，多产于档案图书皱折、装订线等处。成虫为窄椭圆形，栗褐色，形体较细，乳白色，不透明。幼虫为蛴螬形，乳白色。该虫1年发生1代，幼虫在虫道内越冬，翌年春，老、熟幼虫在虫道中化蛹，蛹期约半个月。成虫期一个月左右，爬行为主，很少飞翔，有趋暗性。蛹羽化后2~3天进行交配，上午八九时为最多。交配后3~5天产卵，卵散产。孵化的幼虫会钻入寄主内部为害。

短角褐毛皮蠹

短角褐毛皮蠹的幼虫多栖息于鸟巢内，为典型的取食角蛋白质的种类，室内可在皮张、羽毛制品、某些中药材、谷物及谷物制品内顺利发育。严重为害仓内的生丝、皮毛、中药材、谷物、动物标本及羽毛制品，在我国西北地区对储藏小麦及中药材危害尤其严重。分布于内蒙古、河北、新疆等地。

斑皮蠹

斑皮蠹被称为"世界上最难防治的仓库害虫"。1年发生1~2代，以幼虫越冬。幼虫多生活于蜂类巢内，取食死蜂，在仓库内取食谷物及多种储藏物。幼虫严重为害多种仓储谷物及其制品、蚕丝、中药材及其他动物性收藏物。其中，谷斑皮蠹被我国确定为一种检疫性害虫，该虫对谷类危害极大，甚至会对仓储的谷类造成高达30%的危害。斑皮蠹是目前国内分布最广、危害最大的种类。

酱曲露尾甲

酱曲露尾甲体长2~4毫米。倒卵圆形至两侧近平行，背面略隆起。表皮暗栗褐色，有光泽，每鞘翅的肩部及端部各有1个黄色斑。一年发生数代，多以成虫越冬，越冬成虫喜蛀入木材内或土中、粮食中化蛹，幼虫多见于腐烂的果类中。多为害谷类、豆类、干果、酱曲、中药材等。全国各地均有分布。

蚜 虫

蚜虫又称腻虫或蜜虫等。全世界已知蚜虫有 2280 种，分布遍及世界各地。中国已知 260 种，分布遍及全国各地。蚜虫是花卉栽培种最常见的害虫，已被列为世界性害虫，它的繁殖能力极强，一只成蚜，一代可产 70 只小蚜，一年可繁殖十几代甚至几十代，而且世代重叠。在适宜的温度下，蚜虫 4～5 天就能繁殖一代。雌虫生下"女儿"仅四五天，就又做起"外婆"来了，所以它们经常是几代同堂。

部分蚜虫是粮、棉、油、麻、茶、糖、菜、烟、果和树木等经济植物的重要害虫。它们迁飞扩散寻找寄主植物时要反复转移尝食，所以可以传播许多种植物病毒，造成更大的危害。其中包括麦长管蚜、麦二岔蚜、棉蚜、桃蚜及萝卜蚜等重要害虫。很多蚜虫可以说是毁灭性的害虫。所有林木果树、花卉、蔬菜、粮棉，几乎没有它不侵害的。它们不仅汲取植物的汁液，致使植物卷叶、凋萎，严重时甚至枯死，减少植物的收成，而且大量传播病毒，造成更大的危害。

新加坡竹节虫

新加坡竹节虫是世界上最长的昆虫。其细长的身体长达 27 厘米，倘若在安静的状态下充分舒展身体的话，身长可超过 40 厘米。新加坡竹节虫和其他昆虫一样，头部有一个细长的触角，胸部三节，就像一段竹枝，身体外形分成一节一节的，呈绿色或褐色，各生有细长的一对足，宜于爬行。我国产的竹节虫，一般不长翅膀。它们生活在与竹子混杂的灌木丛中，竹节虫所具有的保护形和保护色，使它在灌木丛中栖息时以假乱真。

蜉 蝣

蜉蝣简称蜉，意为"仅一天的生命"。蜉蝣是一种古老的昆虫，早在古生代就存在了。蜉蝣是一类独特而美丽的昆虫。它的稚虫生活在水中，经过1～3年的时间，幼虫才能羽化后成为亚成虫。亚成虫再蜕皮一次就变为能交尾、产卵的成虫（个别种类的亚成虫也能交尾产卵）。亚成虫和成虫都能够在空中飞行。成虫体壁薄而有光泽，常见为白色和淡黄色。有翅一或两对，飞行时振动频率很小。腹末有长而分节的终尾丝2或3根，飞行时在空中随风飘动。成虫期蜉蝣不饮不食，肠内储有空气，身体比重较小，使得蜉蝣飞行的姿态十分优雅美丽。

蜉蝣可以说是寿命最短的昆虫了。蜉蝣从变为成虫时起，活不到一天的时间，一般几个小时就死了。蜉蝣羽化大多发生在春、秋两季，种群的羽化时间往往比较集中，一般为春、夏之交的黄昏时分。因此有时在水面上方会看到有大量的蜉蝣在飞舞。可惜，这些成虫的生活期是那么短。刚蜕皮的成虫就进行交尾，完毕后雄虫大都立即死去，雌虫产卵后也就死亡了。大量蜉蝣几乎同时死亡后跌落水面。蜉蝣生命的短暂，以及那漂浮在水面上的美丽蜉蝣，自古以来就引起了哲人的感叹和文人的无限伤怀。

盾瘤胸叶甲

盾瘤胸叶甲别名杨潜叶甲、杨潜叶金花虫，1 年发生 1 代，以幼虫在土中越冬。为害杨属、柳属植物，一般在叶的背面取食叶肉，成虫有假死性。在我国分布于内蒙古、辽宁、新疆等地，俄罗斯、瑞典、中欧、北美也有分布。

沙土甲（欧洲沙潜）

沙土甲分布于干旱沙漠及草原地区，以成虫在土中、石块下越冬。成虫及幼虫喜潜伏生活，为害大田作物及棉花、甜菜及果树。分布于内蒙古、甘肃、新疆等地。

类沙土甲（沙潜）

类沙土甲成虫具杂食性，在田间为害玉米、谷子、高粱、小麦、棉花、麻、豆类、蔬菜及多种野生植物。分布于内蒙古、黑龙江、吉林、辽宁、河北、山西、宁夏、山东、河南、台湾等地。

蛛　甲

蛛甲是昆虫纲，有翅亚纲，鞘翅目，长蠹总科，蛛甲科昆虫的总称。广布于世界各地，共 550 多种，其中中国已记载 6 种。中国常见的与分布较广的有裸蛛甲，主要分布在西北的黄蛛甲和分布于东北与西北地区的日本蛛甲。

拟裸蛛甲

拟裸蛛甲 1 年发生 2~3 代，成虫或幼虫在粮食碎屑或地板、包装物缝隙中越冬。为害储粮和面粉、干鱼、干肉。国内大部分省、区、市均有分布。

裸蛛甲

裸蛛甲以成虫在粮食碎渣或包装物的隙缝内越冬。成虫行动迟缓，有假

死性，每只雌虫可产卵数十粒。多者 500 余粒。对环境的适应性很强。为害储粮，尤其是面粉等粉状物质。全国各地均有分布。

日本蛛甲

日本蛛甲 1 年发生 1~2 代，多以幼虫在缝隙内及粮粒之间越冬，但也有以成虫越冬，越冬幼虫于翌年春季化蛹、羽化。成虫喜在食物表面活动，有假死性，成虫寿命约 5 个月，每雌虫常产卵 40 粒，散产在粉屑中。幼虫喜潜伏在食物碎屑下或面粉近表层处连缀碎屑或粮粒成球形小茧，居内取食。从卵发育至成虫 100 天左右。为害面粉、谷物、粮油种子、干果、皮毛、中草药材和动物标本。全国各地均有分布。

蜻　蜓

蜻蜓的头部有两个大而突出的眼睛叫作复眼。每个眼睛是由许多小眼睛组成的。蜻蜓的复眼里为什么长这么多小眼睛呢？原来每种昆虫的复眼都是由许多小眼睛组成的，只是数目不同。小眼睛越多，看东西越清楚。蜻蜓的视力很好，它在空中飞翔时就能看见食物，以闪电般的速度捕捉到蚊、蝇等小昆虫，这种吃东西的方法叫作飞行捕食。

飞行的蜻蜓

蜻蜓有两对翅膀，翅膀很薄，像一层苇膜似的。它的翅膀不但薄，而且透明柔软，翅面里有许多翅脉，像骨架支持着翅膜。长 5 厘米，面积约 4.6 平方厘米的翅重量仅 0.005 克。蜻蜓的翅虽然很薄可是特别结实，每秒钟扑动 30 多次，每小时飞行 50 多千米而不损坏，真令人惊叹！